Galileo 科學大圖鑑系列

VISUAL BOOK OF
THE MATHEMATICS

數學大圖鑑

人 人 出 版

前　言

本書採用大量的精彩圖片來解說與數學相關的各種關鍵字，
是非常淺顯易懂的圖鑑。
不論是數學高手或是為數學所苦的人，
都能從中享受到數學的樂趣。

本書首先針對各式各樣的數，舉凡古代的數、普通的數，
甚至是宛如會變魔術般的數，皆有詳盡的介紹。
另外，函數、方程式、座標這些在數學上不可或缺的關鍵字也有深入淺出的說明。

一提到圖形，各位腦海中會浮起什麼意象呢？
也許馬上會想到三角形、四邊形、圓、球等
我們日常生活中常見又熟悉的圖形。

本書中當然會有這些圖形的說明，
另外像是拓樸圖（topological graph）、4維立體等風格迴異的圖形也都有介紹。
各位務必要體會一下圖形的魅力和它的神奇性。

這世上有許許多多的事情都無法預測其結果。

此時，能夠派上用場的就是機率了。

不論是在分析資料的統計方面會用到機率，

甚至保險費、天氣預報等與生活息息相關的領域也都可以看到機率活躍的身影。

一旦瞭解統計和機率，對那些偶然發生的事件，

我們也許就能掌握到應變的對策吧！

另外，在本書的最後將介紹幾個數學難題。

包括曾經困擾人類非常長一段時間的難題，以及至今仍然百思不得其解的難題等，

連數學家都被深深吸引而無法自拔的數學難題。

那麼，就讓我們進入數學的世界盡情遨遊吧！

VISUAL BOOK OF THE MATHEMATICS 數學大圖鑑

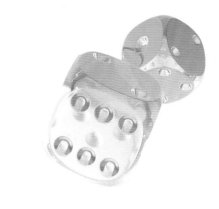

1

數　基礎篇

Number – basic

古文明所使用的各種「數字」

「**數**」是人類經過漫長歲月所衍生出來的，是在計數的過程中誕生的抽象性概念。數數本身，目前已知連貓、狗等動物都能完成到某種程度；不過，能夠單純操控「數」的生物，在地球上唯有我們人類。

根據研究推測，發明數的古人應該是使用手指、身體來計數。以10為進位基底（base）的計數方法稱為「10進制」（decimal）。我們現在主要使用10進制的原因，可能是因為人類的手指有10根的緣故吧！倘若人類有 8 根指頭，那麼說不定就會採用 8 進制了。

其後，人類學會在樹木、骨頭上面做記號，將數「保存」下來。雖然其證據也在數萬年前的遺跡中發現，但是跟我們今天所用以表示數的符號，也就是「數字」並不一樣。

研究者認為「數字」大約誕生於4000年前的古埃及或是古美索不達米亞，而目前也已經知道古馬雅、古中國也都有自己特有的數字系統。

使用數字的主要古文明

古埃及文明

古馬雅文明

時鐘與羅馬數字
現代的時鐘鐘面，有些會以羅馬數字來標示。羅馬數字也沒有表示零的符號，而是以10為X、50為L、100為 C 這類的方式來表記。

使用數字的主要古文明

古埃及使用稱為「象形文字」的文字來表示數，採用「10進制」。美索不達米亞古文明以楔形符號做為數字來使用，採用「60進制」。古馬雅文明則使用表示 1 的點、線段、貝殼這些符號來表示數，採用「20進制」。

古文明所使用的等符號與數字

現在的數字（阿拉伯數字）	古埃及數字	古希臘數字	古美索不達米亞數字（60進制）	馬雅數字（20進制）
0	無	等	等	
1	I	α		
2	II	β		
3	III	γ		
4	IIII	δ		
5	IIIII	ε		
6	IIIIII	ϛ		
7	IIIIIII	ζ		
8	IIIIIIII	η		
9	IIIIIIIII	θ		
10		ι		
20		κ		
100		ρ		

中國古文明

美索不達米亞古文明

能夠以數來 表示「量」的有理數

在 所有「數」中，起源最早的是「自然數」（natural number）。所謂自然數就是諸如1個蘋果、2頭羊、3棵樹……，在計數東西數量時所使用的數。

雖然「2」被稱為自然數，但「2」本身並不存在於自然界。自然界真實存在的是「2個蘋果」、「2頭羊」，當看到「2個蘋果」和「2頭羊」並思考其共通點時，在人類的腦海中浮現的就是「2」這個數。

而自然數加自然數，所得到的答案一定也是自然數。自然數乘以自然數所得答案一定也是自然數，而自然數除以自然數就未必是自然數了。以「1÷3」為例，就無法在自然數中找到答案。

因此，古人就把「1÷3的答」命名為「3分之1」，並且將之當成數來處理，這就是「分數」（fraction）的發明。

自然數和由自然數所構成的分數合起來便稱為（正的）「有理數」（rational number）。使用有理數不僅可以表示「個數」，同時也能表現長度、重量、體積等的「量」。

分數與有理數的世界（1～3）

1. 古埃及的分數

在古埃及，有用以表現「2分之1」、「3分之1」等分子為1之分數（單位分數）的象形文字（聖書體），下圖所示即為該例。當分數的分子不為1（例如4分之3）時，就會寫成單位分數之和的形式（2分之1＋4分之1）。此外，好像也會在這些象形文字之上，再添加其他的象形文字，用來表示分數（右邊的「荷魯斯之眼」）。

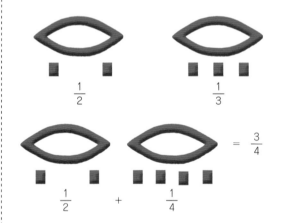

$$\frac{1}{2}$$

$$\frac{1}{3}$$

$$\frac{1}{2} + \frac{1}{4} = \frac{3}{4}$$

2. 畢達哥拉斯與有理數

畢達哥拉斯
（約前570～約前495）

西元前6世紀，在南義的克羅頓（現名為克羅托內），畢達哥拉斯率領他的跟隨者成立教團（畢達哥拉斯教團），數百人生活在一起。畢達哥拉斯與他的弟子們堅信自然數和自然數的比（分數），亦即有理數就是數的全部。

畢達哥拉斯音階
畢達哥拉斯主張數條弦可以形成和音必須是在弦長為自然數之比的情況下（畢達哥拉斯音階。該音階和現代音階不同）。該事實是他重視有理數的根據之一。

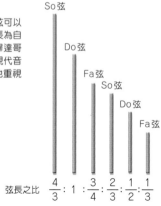

So弦
Do弦
Fa弦
So弦
Do弦
Fa弦

弦長之比　$\frac{4}{3}$: 1 : $\frac{3}{4}$: $\frac{2}{3}$: $\frac{1}{2}$: $\frac{1}{3}$

3. 循環小數輪盤（右）

有理數具有相當值得玩味的性質，讓我們來看看。如果將有理數 $\frac{1}{7}$、$\frac{1}{17}$、$\frac{1}{61}$ 化為小數，這三者都是「循環小數」。其中依次不斷重複出現的數字排列（循環部分），$\frac{1}{7}$ 是 6 位數、$\frac{1}{17}$ 是16位數、$\frac{1}{61}$ 是60位數（粉紅色所示部分）。右圖是將這些循環小數的循環部分依順時針方向排列，循環小數的這些數字會一直地重複下去。順道一提，以這裡所舉的循環小數為例，還有一個神奇的地方，就是輪盤相對兩數相加的和都是 9（並非所有的循環小數都有這種特性）。

開始↓

$$\frac{1}{7} = 0.142857142857142857\cdots\cdots$$

表示分數的「荷魯斯之眼」

右邊是稱為「荷魯斯之眼」（Eye of Horus）或「烏加特」（Udjat）的象形文字。它在表示鷹神荷魯斯之眼的同時，形成文字的各部位也分別代表了「2 分之 1」、「4 分之 1」等分數。

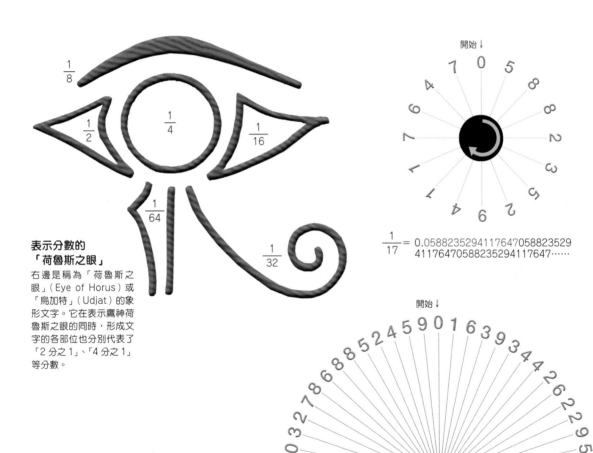

開始↓

$$\frac{1}{17} = 0.0588235294117647058823529$$
$$411764705882352941176477\cdots\cdots$$

開始↓

$$\frac{1}{61} = 0.01639344262295081967213114754$$
$$098360655737704918032786885245901639344262295081967213114754098360655737704918032786885245901\cdots\cdots$$

納入無理數後，「普通的數」就完成了！

西元前 6 世紀的畢達哥拉斯提倡「有理數就是數的全部，沒有有理數無法表現的數」。但是，畢達哥拉斯的弟子希帕索斯（Hippasus，約前530～約前450）卻發現「有理數絕對無法表示的量」。

這個量隱藏在「正方形的對角線」中。根據畢達哥拉斯所證明的「畢氏定理」（Pythagorean theorem，也稱商高定理、勾股〔弦〕定理），當正方形一邊的長度為 1 時，對角線的長度就是「平方為 2 的數」，亦即「2 的平方根」（$\sqrt{2}$＝1.414……）。此 $\sqrt{2}$ 就不是有理數。

像 $\sqrt{2}$ 這種非有理數的數，就稱為「無理數」（irrational number）。3 的平方根（$\sqrt{3}$＝1.732……）、5 的平方根（$\sqrt{5}$＝2.236……）、自古希臘時代就已經知道的圓周率（圓周與直徑的比。π＝3.141……）等全都屬於無理數家族，無法以自然數的分數來表示。

古希臘人在發現無理數後，曾經過一段混亂時期，最後他們終於將之納入數的範疇，建構出有理數和無理數合起來稱為「實數」（real number）的概念。

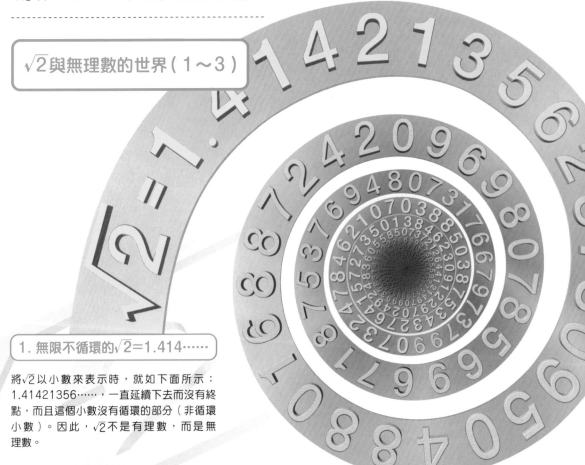

$\sqrt{2}$ 與無理數的世界（1～3）

1. 無限不循環的 $\sqrt{2}$＝1.414……

將 $\sqrt{2}$ 以小數來表示時，就如下面所示：1.41421356……，一直延續下去而沒有終點，而且這個小數沒有循環的部分（非循環小數）。因此，$\sqrt{2}$ 不是有理數，而是無理數。

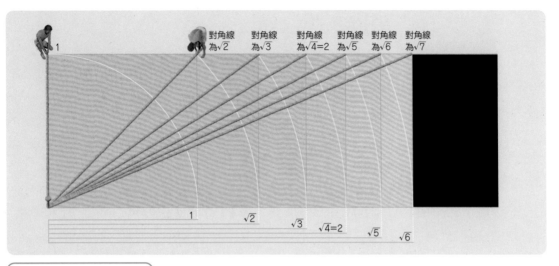

對角線為$\sqrt{2}$　對角線為$\sqrt{3}$　對角線為$\sqrt{4}=2$　對角線為$\sqrt{5}$　對角線為$\sqrt{6}$　對角線為$\sqrt{7}$

1　　$\sqrt{2}$　　$\sqrt{3}$　$\sqrt{4}=2$　$\sqrt{5}$　$\sqrt{6}$

2. 古人的平方根作圖法

畫出邊長為 1 的正方形，取其對角線長度則為$\sqrt{2}$。以此$\sqrt{2}$為底邊，作出高為 1 的長方形，其對角線則為$\sqrt{3}$。以此要領不斷重複，就能陸續畫出自然數的平方根（1、$\sqrt{2}$、$\sqrt{3}$、$\sqrt{4}=2$、$\sqrt{5}$、……）。

「泥版YBC7289」

耶魯大學典藏。正方形的一邊為7～8公分。據推測，應為西元前20世紀左右之物。

3. 刻畫在泥版上的$\sqrt{2}$

左為4000年前的古美索不達米亞泥版「YBC7289」的復原圖。泥版上刻畫著正方形和它的對角線，對角線上用楔形文字寫著「1、24、51、10」的數字。這是以60進位法來表現的數，如果寫成10進位法的話，就是「1.41421296296……」（其計算如下所示）。這是$\sqrt{2}$極為正確（到小數點以下第五位都正確）的近似值。另外，泥版上還刻有當正方形的邊長為30時的對角線長度（60進位法為42、25、35，改成10進位法的話就是42.4263888……）。

$$1 + \frac{24}{60} + \frac{51}{60^2} + \frac{10}{60^3} = 1.41421296296\cdots\cdots$$

$$\sqrt{2} = 1.41421356237\cdots\cdots$$

小數的表現形式誕生於16世紀

$\frac{1}{2}$ 是 0.5、$\frac{1}{3}$ 是 0.333……，在我們日常生活中，很理所當然的會把分數轉化為小數（decimal），因此很容易讓人以為分數與小數是成對誕生的。

然而事實上與分數相較，現在這種小數表現形式的歷史非常短，一直到 16 世紀才在歐洲誕生。不過，阿拉伯和中國在此之前，就已經開始使用很像小數的表現方式。換句話說，過去雖然沒有發明像現在這般的小數表現形式，但並不表示過去沒有小數的概念。

在歐洲，1579 年，法國的數學家韋達（François Viète，1540～1603）在一本名為《數學標準》的書中首度使用小數。但是，其表現形式與現在的小數有些許差異，比方說，韋達將 0.5 表示成 0|5 等。

荷蘭的數學家暨技師史蒂文（Simon Stevin，1548～1620）在 1585 年發表的《小數論》一書中，介紹了小數。史蒂文的小數表現形式跟現在有很大的差異，不是很方便使用。

其後，蘇格蘭的數學家納皮爾（John Napier，1550～1617）在 1614 年發表對數表之際，開始使用像現在所用之 0.5、1.234 這樣的小數點表記。於是，納皮爾這種方便的表現方式傳遍全世界。

在此時期的歐洲之所以能夠發明小數的表示法，可能與正處於科學革命前夕的時代背景脫不了關係。在實際測量物體長度、距離等必要性中，真正需要的不是分數表示而是小數表示。

順道一提，即使是現在，小數的表示形式仍未統一。在歐洲大陸等地，是以「,」（逗點）表示小數點，而英、美、日本、中國、臺灣等地則是使用「.」來表示。

化成小數會顯現神奇樣式的分數

●將 $\dfrac{1}{9^2}$（$=\dfrac{1}{81}$）化成小數，則為

$$= 0.012345679012345679\cdots\cdots$$

一直接續下去，01234567 是依序排列，缺 8，然後是 9，又回到 0 循環下去。

●將 $\dfrac{1}{99^2}$（$=\dfrac{1}{9801}$）化成小數，則為

$$= 0.010203040506070809101112131415161718\cdots969799000102030405\cdots\cdots$$

一直接續下去，97之後缺98，然後是99，又回到00循環。

●將 $\dfrac{101}{99^3}$（$=\dfrac{101}{970299}$）化成小數，則為

$$= 0.0001040916253649\cdots\cdots$$

一直接續下去。各位知道這是個什麼樣的數嗎？是平方數 1，$2^2=4$，$3^2=9$，$4^2=16$，……的排列。

●將 $\dfrac{1001}{999^3}$（$=\dfrac{1001}{997002999}$）化成小數，則為

$$= 0.000001004009016025036049064081100121144169\cdots\cdots$$

一直接續下去。

●將 $\dfrac{1}{9899}$ 化成小數，則為

$$= 0.0001010203050813213455\cdots\cdots$$

各位知道這是個什麼樣的數嗎？
這是被稱為「費波那契數」（Fibonacci numbers）的數列 1，1，2，3，5，8，13，21，34，……的排列。

●將 $\dfrac{1}{998999}$ 化成小數，則為

$$= 0.000001001002003005008013021034055089144233377\cdots\cdots$$

長年困擾著
數學家們的「零」

0 在某種意義上，蘊藏著使數學合理性崩潰的力量。讓我們以 $1 \div 0 = a$ 為例來看看吧！因 $1 \div 0 = a$，所以 $1 = a \times 0 = 0$，最後會出現「1 等於 0」的奇怪結果。在現代數學的除法演算中，仍限定 0 不能作為除數。

使用 0 的最大優點就是能以很少種符號表現很龐大的數字。以國字表現數時，除了一～九外，還有十、百、千、萬、億、兆、京等，每 4 個位數就需要一個新的國字。但是若使用 0 的話，就像 100,000,000 這般，只要以極少的符號，就能表示龐大的數。這樣的表現方法稱為「進位制（也稱進位計數法或位值計數法）」（positional notation）。使用「零」的進位制早在馬雅文明和古代美索不達米亞文明就已經採用了，只不過當時「零」僅是表示空位的「符號」（占位符）。

有說法認為印度是最早將「零」視為可參與加減乘除之演算對象的。倘若沒有零這個數字，那麼像是 $a^0 = 1$ 這類的計算，或是 $(x-3)(x+2) = 0 \rightarrow x = 3$、$x = -2$ 這樣的計算也無法運作了。對人類而言，作為數的零的發現，可以說是文明向前邁進了一大步。

刻在石碑上面的馬雅圖案文字的零
手托著下巴的側臉。

作為運算數字的零在印度誕生
在印度，除了有作為符號使用的「零」之外，還習於筆算。插圖所繪的這個人正在進行「15 + 23 + 40 = 78」的筆算。在此計算中，個位數是「5 + 3 + 0」，亦即必須進行零的加法運算。研究者認為像這樣的筆算，與將零當做數有密切的關連。
在印度，零的符號是黑色的「點」（•），一般認為零被當做計算對象的數來處理，最早是出現在西元 550 年左右的印度天文學書籍《五大曆數全書彙編》（Pancasiddhatika）中。我們知道印度在 6 世紀中葉，發明了「數」之概念的零，將零當做運算的對象。

具有各種不同意義的零

插圖係將零的各種意義予以視覺化。具有「無」之意的零、力達到平衡的零、座標軸之原點的零、作為基準的零、表示位數上沒有數之符號的零（空位的零）以及作為數的零。

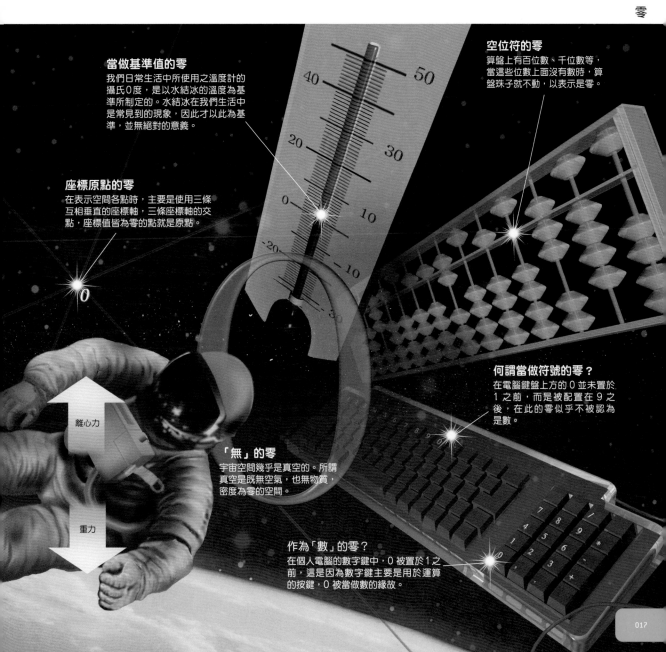

當做基準值的零
我們日常生活中所使用之溫度計的攝氏0度，是以水結冰的溫度為基準所制定的。水結冰在我們生活中是常見到的現象，因此才以此為基準，並無絕對的意義。

座標原點的零
在表示空間各點時，主要是使用三條互相垂直的座標軸，三條座標軸的交點，座標值皆為零的點就是原點。

空位符的零
算盤上有百位數、千位數等，當這些位數上面沒有數時，算盤珠子就不動，以表示是零。

何謂當做符號的零？
在電腦鍵盤上方的 0 並未置於 1 之前，而是被配置在 9 之後，在此的零似乎不被認為是數。

離心力

重力

「無」的零
宇宙空間幾乎是真空的。所謂真空是既無空氣，也無物質，密度為零的空間。

作為「數」的零？
在個人電腦的數字鍵中，0 被置於 1 之前，這是因為數字鍵主要是用於運算的按鍵，0 被當做數的緣故。

過去，人類很難想像負數是什麼概念

我們現在很理所當然的使用負數，但是以前的人對於負數的概念卻非常難以接受。

最初數的誕生是用以計數物品的個數。當我們說到 3 個蘋果時，腦海中立即浮現 3 個蘋果的形象；可是提到負 3 個蘋果，卻是完全無法想像。因此，幾乎所有的古文明，都不會把負數當成數來處理。

負數被視為問題的答案，正式被當做數導入運算中，是在繼零（0）之後，同樣也是發生在印度，大約是西元 7 世紀左右。在印度，據說負債時會使用負數來表示。

印度所發明的負數，隨著零的概念，經由阿拉伯傳到歐洲。但是僅有一部分數學家知道的負數，在歐洲遲遲無法獲得認同。

利用數線來說明負數是比較形象的。以溫度計為例，溫度從 1℃ 再往下降 5℃，很自然就能想像是變成 −4℃。

以「個數」
很難說明負數概念

3 個蘋果

很容易想像

−3 個蘋果

難以想像

專欄 COLUMN　最早使用負數的中國古文明

雖然幾乎所有的文明古國都不會把負數當成數來處理，但是也有例外的，這就是中國古文明。在中國古代會使用名為「算籌」的竹棒狀計算工具（一般長約12公分），紅色竹棒表示正數，黑色竹棒表示負數，跟現代會計的黑字、赤字所代表的意義剛好相反，相當有趣。雖然中國最早使用負數，而且在計算過程中也使用負數，但是負數好像沒有被當成最終答案出現過。

若有「數線」，就很容易具體
說明負數的概念

50

40

30

20

0

10

−20

−10

−30

−6℃的氣溫

↑

很容易想像

若利用像溫度計這般，以零（0）為中心分為
正數和負數對稱分布的直線（數線），很容
易就能知道負數的概念。

目前尚未發現質數的規律性

所謂質數（prime number）就是「大於1的自然數中，除了1和該整數本身外，無法被其他自然數整除的數」，質數也有「數之原子」之稱。1與質數以外的自然數稱為「合數」（composite number），所有的合數皆可用質數的乘法來表現。

質數的出現頻率非常不規律，迄今尚未發現質數完整的規律性。發現質數的規律性是數學家們的夢想。

能夠確實找出質數的唯一方法就是埃拉托斯特尼篩法，這是古希臘的數學家埃拉托斯特尼（Eratosthenes，約西元前276～西元前195年左右）想出來的方法。雖然這個方法非常簡單，不過現階段想要確實找到質數，也只能用這個方法了。

將某數以質數相乘的形式（其質因數的乘積）來表現，就稱為「質因數分解」（prime factorization）。質因數分解是尋找可將該數整除之質數的作業，如果是比較小的數，這樣的方法當然沒有問題。但是如果數字逐漸變大的話，質因數分解會越來越困難。

利用質因數分解之困難度的技術就是「RSA密碼演算法」，現在網路購物等各方面的付費行為，都是運用RSA密碼演算法的技術。可以說現代社會是個由巨大質數支撐的社會。

從「質數圓」所能發現的規律性和不規律性

本插圖即所謂的「Plichta質數圓」。將數字從1依序以順時針方向排列成圓形，每24個數字即由內向外遞增一圈。在此，質數以黃色圓底紅字表示。一看即可看出，質數由中心向外分布在某特定的放射線上，而不會存在於其他的直線上（不過2和3例外）。由此現象來看，質數似乎存在某種規律性。然而如果留意出現質數的各條直線，即可明白各條直線上所出現的質數非常分散，完全不具規律性。因此，從Plichta質數圓可以更加體認到質數的神奇奧祕。

以本插圖所示的埃拉托斯特尼篩法，
實際求出1到100的質數。

1. 首先，除了最前面的 2
之外，其餘 2 的倍數
的方格（顏色深的部
分）全部被堵住，讓其
他的數通過（篩除 2
的倍數）。

2的倍數

2. 除了 2 和其後的 3 外，
其餘 3 的倍數的方格全
部被堵住，讓其他的數
通過（篩除 3 的倍數）。

3的倍數

3. 同樣地，除了 3 其後的
5 外，其餘 5 的倍數的
方格全部被堵住，讓其
他的數通過（篩除 5 的
倍數）。

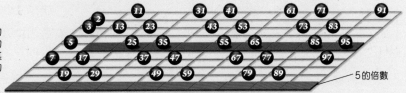

5的倍數

4. 再來則是 7 以外的其餘
7 的倍數的方格全部被
堵住，讓其他的數通過
（篩除 7 的倍數）。

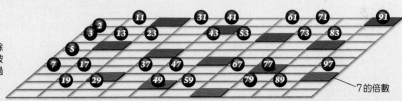

7的倍數

5. 接下來，除了11以外的
11的倍數也以同樣的方
式堵住，不過因為在此
之前的作業中，除了11
外，所有11的倍數都已
被篩除，因此這裡已找
不到11的倍數了。而11
以後其餘的數也會有同
樣的情形發生。所以在
尋找某數之前的所有質
數時，可以篩除到不超
過該數的平方根為止
即可。

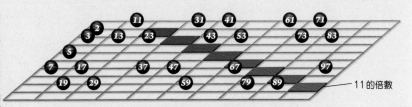

11的倍數

6. 就這樣，最後剩下的數
都是質數。

質數仍殘留諸多尚未解決的問題

目前已知的最大質數是個十分龐大的數，位數高達2486萬2048位。質數是否無止盡的呢？這個問題的答案在2300年前歐幾里得的《幾何原本》中，就已經得出結論：在找到了一個質數之後，一定還會出現更大的質數，質數是沒有盡頭的。

質數什麼時候會出現雖然無法預測，然而並非完全沒有線索。在不斷找尋大質數的過程中，我們會發現：隨著數字逐漸變大，質數出現的頻率逐漸減少。如果能夠詳細瞭解它的性質，或許就更有可能找出質數公式了。

圍繞著質數的未解決問題仍有許多，其中之一便是有關「孿生質數」（prime twins）的問題。所謂孿生質數就是像11和13這種兩質數的差僅為 2 的質數對。質數的出現頻率會隨著數字的變大而逐漸減少，然而就算是非常大的數，偶而也會出現孿生質數。莫非孿生質數是無限存在的嗎？

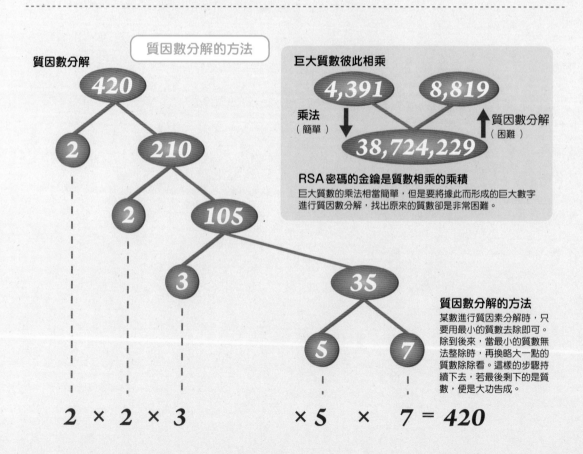

質因數分解的方法

質因數分解

420 — 2, 210

210 — 2, 105

105 — 3, 35

35 — 5, 7

巨大質數彼此相乘

4,391   8,819

乘法（簡單） ↓   ↑ 質因數分解（困難）

38,724,229

RSA 密碼的金鑰是質數相乘的乘積
巨大質數的乘法相當簡單，但是要將據此而形成的巨大數字進行質因數分解，找出原來的質數卻是非常困難。

質因數分解的方法
某數進行質因數分解，只要用最小的質數去除即可。除到後來，當最小的質數無法整除時，再換略大一點的質數除除看。這樣的步驟持續下去，若最後剩下的是質數，便是大功告成。

$$2 \times 2 \times 3 \times 5 \times 7 = 420$$

歐幾里得（生卒年不詳）

古希臘的數學家，著有全書共13卷的《幾何原本》。其中，歐幾里得記載著他為質數所下的定義和所有的數皆能為質數整除。

質數無限存在的證明

歐幾里得在大約2300年的《幾何原本》中，如下所示，證明了質數的無限存在。

＜證明＞

使用不同的質數 q_1、q_2、q_3、……、q_n，可以生產出下面這樣的數N。

$$N = q_1 \times q_2 \times q_3 \times \cdots\cdots \times q_n + 1$$

該數N不管是以 q_1、q_2、q_3、……、q_n 中的任何質數去除都無法整除。這是因為不管以任何質數去除，都只能整除 $q_1 \times q_2 \times q_3 \times \cdots\cdots \times q_n$ 的部分，都會餘下1（最小的質數為2）。

因此，N為與 q_1、q_2、q_3、……、q_n 不同的質數，或者是必由一個不等於 q_1、q_2、q_3、……、q_n 中另外的新質數所整除。由此可知，有 q_1、q_2、q_3、……、q_n 以外的新質數 q_{n+1} 存在。

這樣的步驟反覆進行，即可以陸續找到新的質數 q_{n+2}、q_{n+3}、q_{n+4}……。換言之，質數有無限多個。

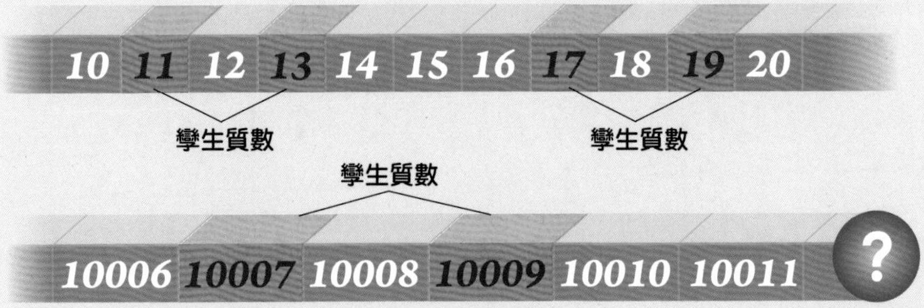

| 10 | 11 | 12 | 13 | 14 | 15 | 16 | 17 | 18 | 19 | 20 |

孿生質數

孿生質數

孿生質數

| 10006 | 10007 | 10008 | 10009 | 10010 | 10011 | ? |

孿生質數有無限多個嗎？

上圖中，以紅字表示孿生質數。兩者的差只有2的質數對稱為「孿生質數」。隨著數字的逐漸變大，孿生質數越來越少見。截至2020年2月止所知的最大孿生質數為38萬8342位數的龐大數目。然而，目前為止仍不知道是否會到某個數字以後，孿生質數就不再出現。

試著利用「大概的數」進行快速運算

增強計算能力的訣竅之一就是掌握數的概略大小。以超市購物為例，假設購物籃內有「牛乳198元」、「青椒128元」、「豬肉777元」、「蘋果98元」、「鯖魚537元」。若想以心算正確計算出總價可能會有點辛苦，但是若將各項物品的價格，用四捨五入法取前面數來第2位，變成200元、100元、800元、100元、500元。像這樣概略的數稱為「概數」（approximate number）。若使用概數，就能快速的計算。

當然，若必須知道正確數值時，就只能使用計算機等工具進行正確計算了。不過，在日常生活中，使用概數能夠簡單計算，可掌握大致的狀況。

此外，以概數所做的心算，可當做使用正確數值之計算的「驗算」。概數也有益於驗算是否有輸入錯誤所導致的計算結果錯誤。一般來說，在計算方面很強的人經常進行概數心算。

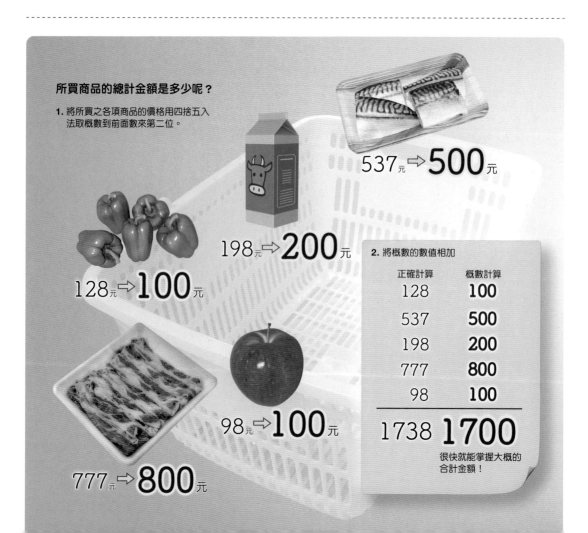

所買商品的總計金額是多少呢？

1. 將所買之各項商品的價格用四捨五入法取概數到前面數來第二位。

537元 ⇨ **500**元

198元 ⇨ **200**元

128元 ⇨ **100**元

98元 ⇨ **100**元

777元 ⇨ **800**元

2. 將概數的數值相加

正確計算	概數計算
128	100
537	500
198	200
777	800
98	100
1738	1700

很快就能掌握大概的合計金額！

使用概數，進行大致的計算！

左頁為購物之際，概算所購商品的總價為何的例子。將價格數值
以四捨五入法取概數到前面數來第二位，即可簡單心算出答案。
下面是天文學所使用的「1光年」是多少公里的概算範例。

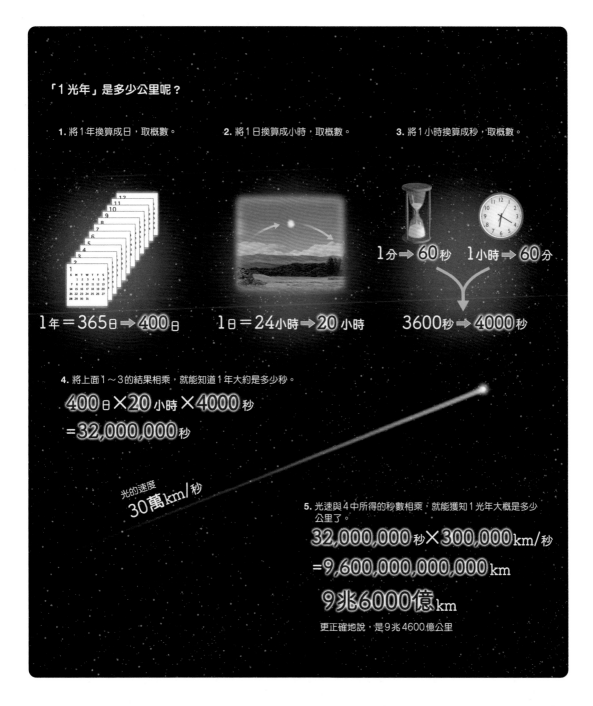

「1光年」是多少公里呢？

1. 將1年換算成日，取概數。

2. 將1日換算成小時，取概數。

3. 將1小時換算成秒，取概數。

1分 ➡ 60秒　　1小時 ➡ 60分

1年＝365日 ➡ 400日

1日＝24小時 ➡ 20小時

3600秒 ➡ 4000秒

4. 將上面1~3的結果相乘，就能知道1年大約是多少秒。

400日 × 20小時 × 4000秒

＝32,000,000秒

光的速度
30萬km/秒

5. 光速與4中所得的秒數相乘，就能獲知1光年大概是多少
公里了。

32,000,000秒 × 300,000km/秒

＝9,600,000,000,000km

9兆6000億km

更正確地說，是9兆4600億公里

亂數是一組不按規則，隨機排序的數

亂數也稱隨機數（random number），就是「完全不存在任何規律可推導出下一個數為何的數」。在數學教科書最後所列，從 0 到 9 的數字凌亂排列的表稱為「亂數表」（random numbers table）。在電腦遊戲中，為了不讓敵方的動作等過於單調，所以都會使用亂數。

產生亂數的裝置稱為「亂數產生器」（random number generator）。正六面體（立方體）的骰子是產生從 1 到 6 之亂數的亂數產生器。彩券開獎所使用的抽選機、賭博使用的輪盤等都是一種亂數產生器。

另一方面，有些事情實際上是隨機，但是偶爾相同的情況持續發生時，就會讓人產生不是隨機的錯覺。若能利用這樣的錯覺，就能實現「更自然的隨機性」，而可應用在數位音樂播放器的「隨機播放」、電腦遊戲等方面。

此外，圓周率的長串數字也可以稱為亂數嗎？事實上，圓周率的數字排列是否真是亂數，是數學上仍未解決的問題。

骰子是生活中最常見的「亂數產生器」

投擲骰子時，最終會出現哪一面是無法預測的，插圖背景排列的數字列是亂數。使用骰子等「亂數產生器」能夠製造出亂數。將 0 到 9 的10個數字逐一配置在正20面體的各面上，每個數字使用 2 次，於是該正20面體就成了「亂數產生器」，此稱為「亂數骰子」。持續投擲亂數骰子，就能產生亂數表。

專欄 COLUMN　圓周率的數字分布是隨機亂數嗎？

圓周率（$\pi = 3.141592\cdots\cdots$）是小數點以下的數字無限延續，這些數字的排列完全看不到規律性。調查圓周率之小數點以下 5 兆位，0 到 9 各數字的出現頻率，結果發現出現最多的是「8」，最少的是「6」，但是兩者的差異極少，從 0 到 9 之數字的出現頻率差不多相等。那麼，圓周率的數字分布能否說是亂數呢？這個疑問目前還是數學上尚未解決的問題。

哪一個圖是隨機的呢？

當被問到「下面二個圖中，哪一個圖的點分布是隨機的呢？」時，相信很多人都會回答：「左邊那個圖是隨機的」。然而，事實上左圖特意讓點的分布都不重疊，而右圖才是隨機分布。因為左圖看不出有什麼有意義的樣式，所以往往會讓人判斷是「比較隨機」的。心理學深入研究這樣的錯覺，將之應用在從人類的心理傾向闡明經濟現象的「行動經濟學」領域。

COLUMN

常在無意識中使用了大數

在 廣泛使用智慧型手機、數位相機這些驅使最尖端科技製造出來之電子產品的現代，我們常在無意識中使用了大數（large numbers）。舉例來說，我們經常可以聽到表示數位相機之解析度（像素、畫素）的「百萬像素」（megapixel）、表示智慧型手機之記憶體容量的「吉位元組」（giga-byte，GB）等等。

這裡所說的「mega」、「giga」稱為詞頭（或稱接頭語、前綴詞），是大數的縮寫。例如：mega（M）表示100萬，giga（G）是mega的1000倍，換句話說是表示10億。當說到「數位相機的像素數為8 mega」時，意味著感光元件的數量（像素數）有800萬個。數字的位數每改變 3 位，就會被冠上不同的詞頭，諸如giga的1000倍是「tera」（T），再1000倍是「peta」（P），以此類推。

相反地，也有表示小數的詞頭。「milli」（m）是1000分之 1，而其1000分之1是「micro」（μ），μ的1000分之1是「nano」（n），以此類推。在數位時代的現在，如果能夠瞭解這些詞頭的意義，對掌握電子產品的性能等應該會有所助益。

表示大數的各種詞彙

除了詞頭之外，還有其他詞彙可表示大數。舉例來說，1的後面排列100個 0（10^{100}）稱為「googol」（古戈爾），美國科技企業龍頭Google 的名字就是源自這個字。此外，10的googol次方（$10^{10^{100}}$）則稱為「古戈爾普勒克斯」（googolplex）。

因著佛教的傳入，古印度計算單位中的最大數量「無量大數」也傳入中國，無量大數就是10^{68}。不過，也有不同算法認為無量指10^{68}，大數指10^{72}。

詞頭一覽表

符號	讀法	大小	中文名稱
Y	yotta	10^{24}	佑
Z	zetta	10^{21}	皆
E	exa	10^{18}	艾（百京）
P	peta	10^{15}	拍（千兆）
T	tera	10^{12}	兆
G	giga	10^{9}	吉（十億）
M	mega	10^{6}	百萬
k	kilo	10^{3}	千
m	milli	10^{-3}	毫（千分之一）
μ	micro	10^{-6}	微（百萬分之一）
n	nano	10^{-9}	奈（十億分之一）
p	pico	10^{-12}	皮（一兆分之一）
f	femto	10^{-15}	飛（一拍分之一）
a	atto	10^{-18}	阿（一艾分之一）
z	zepto	10^{-21}	介（一皆分之一）
y	yocto	10^{-24}	攸（一佑分之一）

上表係將各種詞頭整理成一覽表。大小是以「指數」來表示。此外，經常使用的詞頭還有百（讀法為hector，符號為h，大小為10^{2}）和厘（讀法為centi，符號為c，大小為10^{-2}）。

電子產品上面經常出現的大數

數位相機的「影像感測器」（image sensor）上面排列數百萬個感光元件（插圖上）；而智慧型手機的記憶體容量也非常大（插圖下）。「mega」、「giga」這些詞頭把大數的詞縮短了，在表示上就方便許多。

8,000,000 像素

8 mega 像素
（M pixels）

無數多井然有序排列的感光元件

內存記憶體

大量的電子資料

64,000,000,000 byte

64 gigabyte
（GB）

2

數　發展篇

Number – advanced

宇宙所有基本粒子加總的數量，離無限仍遙不可及

所 謂「無限」，就如字面所示，乃是「沒有邊界」的概念。不過，我們很難想像無限的世界究竟是什麼樣的光景。

讓我們來看看滿杯的水，其中所含的水分子到底有多少個呢？再者，地球上的水分子總數究竟有多少？倘若我們有充分的時間，想要將這些個數完全計數清楚，原則上是可能的。換句話說，這些個數雖然很龐大，不過卻是有限的。

而無限卻是這些有限的龐大數量所無法望其項背的，不管用多長的時間，花多大的心力，絕對無法數盡的就是無限。就連分布在可觀測宇宙中的所有質子數量（＝大約是10的79次方，1的後面排列了79個0的大數），在「無限」面前只不過是可忽視的極小、極小數目而已。

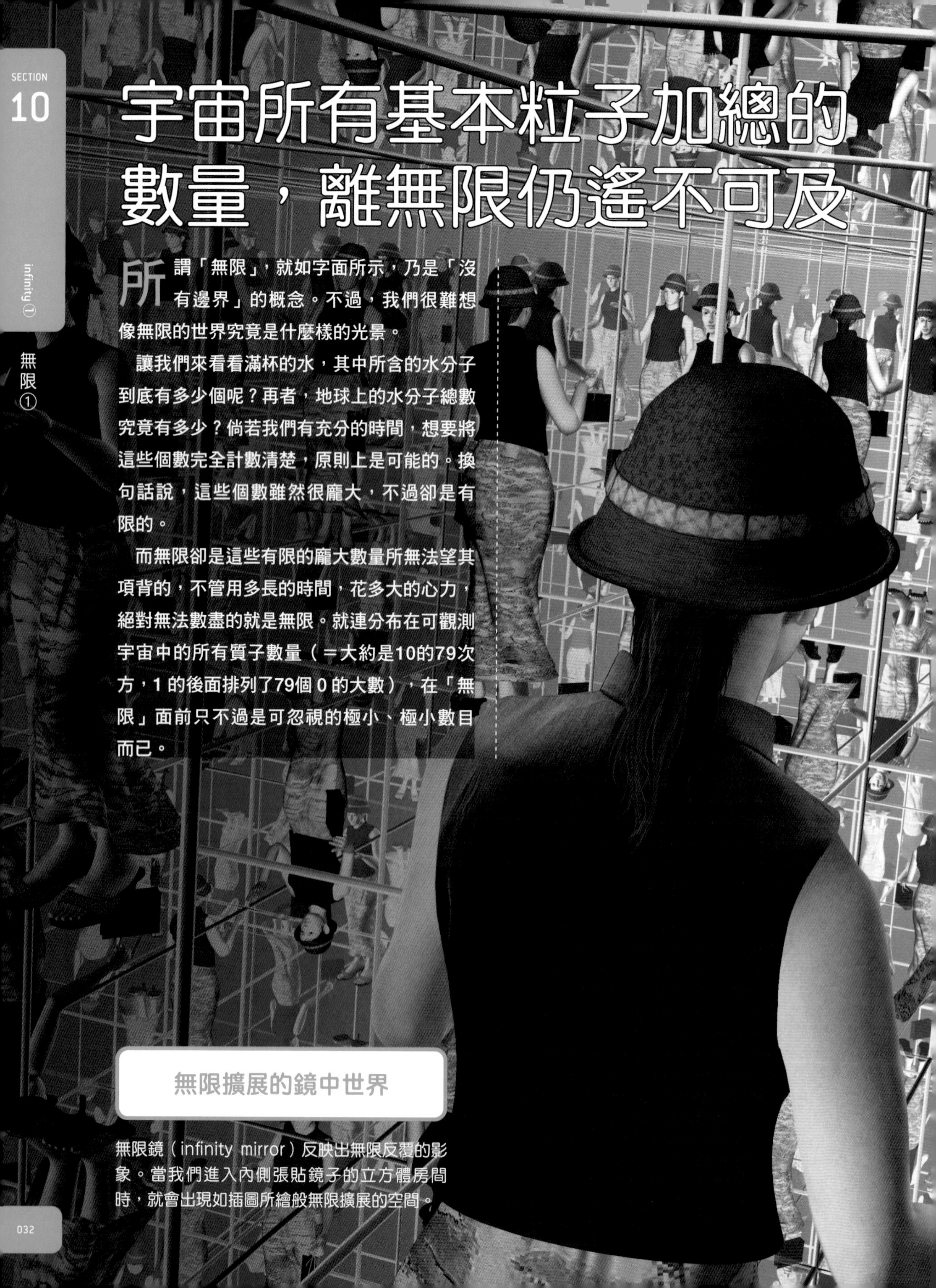

無限擴展的鏡中世界

無限鏡（infinity mirror）反映出無限反覆的影象。當我們進入內側張貼鏡子的立方體房間時，就會出現如插圖所繪般無限擴展的空間。

表示無限大的符號
（據說是英國的數學家沃利斯（John Wallis，
1616～1703）在17世紀首度使用）

存在於可觀測宇宙中的質子總數
（愛丁頓數，約 10^{79}）

10^{80}

存在於地球上的水分子總數
（約 10^{47}）

10^{70}

10^{60}

構成1莫耳＊物質的分子數
（亞佛加厥常數，約 $6×10^{23}$）

10^{50}

10^{40}

＊在溫度0℃、1標準大
氣壓下，約22.4公升的
體積中所含的氣體分子。

10^{30}

銀河系的恆星顆數
（約 $1×10^{11}$）

10^{20}

10^{10}

地球上的人口數（約 $7×10^9$）

無法數盡的大數

在我們日常生活中有許許多多無法數盡的大數，插
圖所繪為我們較為熟悉的大數。在有限的時間內，
想要實際數盡這些大數其實是不可能的任務，對我
們而言，這樣的數是「事實上的無限」，不過畢竟還
是在有限範圍的數，而無限卻是這些有限大數完全
無法與之相提並論的存在。

即使同樣都是無限，仍有「濃度」的差異

讓我們想想將不同數值的數填在數線上的情形。首先，將無限多個整數置放在數線上，不過僅是整數，數線還是會有許許多多的空隙。

因此，現在我們將 $\frac{1}{3}$ 這類的「有理數」也放的數線上。於是，在 0 與 1 之間的空隙被有理數填得滿滿的。或許有人會認為有理數有無限多個，因此數線上的空隙應該會被全填滿了吧！然而事實卻非如此，數線上還是有空隙。

德國知名的數學家康托（Georg Cantor，1845～1918）利用「濃度」做為衡量標準，以比較無限的程度。設自然數、整數、有理數等的無限濃度皆相等，並訂定該濃度為「$\aleph_0$」（aleph-zero，阿列夫零）。

想要將整個數線完全填滿，要有濃度比「$\aleph_0$」還要大的無限，這就是「無理數」的無限。無理數就是實數中不能精確地表示為兩個整數之比的數，諸如圓周率 π 和 $\sqrt{2}$（＝ 1.414……）等都是無理數。康托為表示無理數的無限濃度比「$\aleph_0$」大，因此將其濃度定為「$\aleph_1$」。「$\aleph_1$」的無限濃度是可以將數線的空隙完全填滿的無限。

光線會碰到棒子嗎？

想像有個像插圖所示般無限擴展的平面。平面上有以一定間隔正交的格子圖案，在各交點上垂直立一根棒子。由於平面是無限擴展的，因此棒子也是無限多的。現在，假設我們從某個交點隨便選一個方向發射光線。請問：光線會碰到多少支棒子呢？在此，假設光線和棒子粗細為無限小。

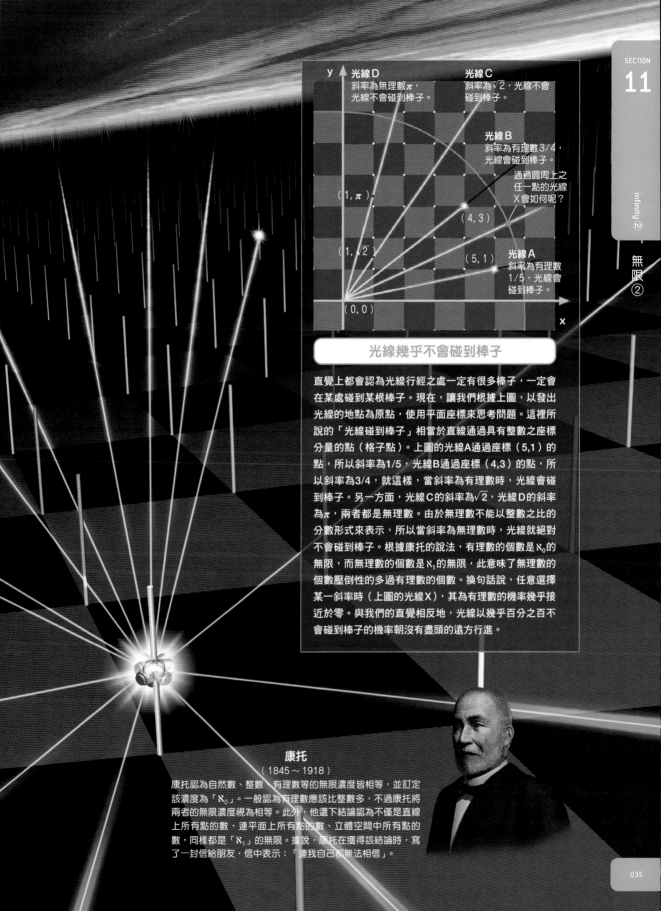

y ↑

光線D
斜率為無理數π，
光線不會碰到棒子。

光線C
斜率為√2，光線不會
碰到棒子。

光線B
斜率為有理數3/4，
光線會碰到棒子。

通過圓周上之
任一點的光線
X會如何呢？

(1, π)

(4, 3)

(1, √2)

(5, 1)

光線A
斜率為有理數
1/5，光線會
碰到棒子。

(0, 0)

x

光線幾乎不會碰到棒子

直覺上都會認為光線行經之處一定有很多棒子，一定會
在某處碰到某根棒子。現在，讓我們根據上圖，以發出
光線的地點為原點，使用平面座標來思考問題。這裡所
說的「光線碰到棒子」相當於直線通過具有整數之座標
分量的點（格子點）。上圖的光線A通過座標（5,1）的
點，所以斜率為1/5，光線B通過座標（4,3）的點，所
以斜率為3/4，就這樣，當斜率為有理數時，光線會碰
到棒子。另一方面，光線C的斜率為√2，光線D的斜率
為π，兩者都是無理數。由於無理數不能以整數之比的
分數形式來表示，所以當斜率為無理數時，光線就絕對
不會碰到棒子。根據康托的說法，有理數的個數是 $\aleph_0$ 的
無限，而無理數的個數是 $\aleph_1$ 的無限，此意味了無理數的
個數壓倒性的多過有理數的個數。換句話說，任意選擇
某一斜率時（上圖的光線X），其為有理數的機率幾乎接
近於零。與我們的直覺相反地，光線以幾乎百分之百不
會碰到棒子的機率朝沒有盡頭的遠方行進。

康托
（1845～1918）
康托認為自然數、整數、有理數等的無限濃度皆相等，並訂定
該濃度為「$\aleph_0$」。一般認為有理數應該比整數多，不過康托將
兩者的無限濃度視為相等。此外，他還下結論認為不僅是直線
上所有點的數，連平面上所有點的數、立體空間中所有點的
數，同樣都是「$\aleph_1$」的無限。據說，康托在獲得該結論時，寫
了一封信給朋友，信中表示：「連我自己都無法相信」。

採用趨近於真實的手法「極限」

為 了理解「極限」（limit）的概念，我們以數位照片為例稍加說明。數位照片的精細程度是以「解析度」來表示。高解析度的照片看起來細緻、漂亮，但也因此資料量變大。

再者，假設我們想要拍攝盡可能忠實紀錄的數位照片，解析度當然是愈高愈好。然而因為能夠紀錄的資料量有限，解析度亦有其界限，若要將現實忠實地紀錄下來，只能是紀錄的資料量無限了，而這是不可能辦到的事。

在提到無限的概念時常會碰到上述這類問題，遇到這種情況時，有二個選項可供選擇。一個是「近似」，近似雖是有限的，但若與真實差距足夠小時，是可以滿足需求的。數位照片也是近似，但我們對其品質已經很滿意了。

另一個選項是採用一種趨近真實的方法，亦即稱為「極限」的手法。所謂極限是「求在趨近無限時之答案」的方法，若能在理論上證明愈追究愈接近答案，那麼即使實際上並未達到無限，也能將該極限認定是「真實的答案」。

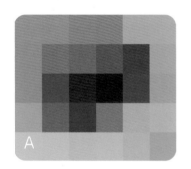 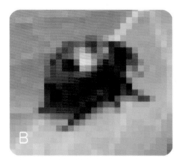 

現實世界真的是平滑沒有稜角的嗎？

現實風景就跟右頁的瓢蟲插圖一樣，映入我們眼簾的是沒有切痕、鋸齒的平滑影像。當我們以數位照片來紀錄現實風景時，照片中的映像會出現鋸齒。就像A、B、C所看到的，解析度愈高，愈趨近現實的平滑形貌。當解析度提高至趨近於無限時，也許就能將現實世界完全圓潤平滑的紀錄下來。不過，現實世界真的就是平滑世界嗎？這又是另外一個課題了。

我們所看到的流水是平滑的，但是如果把流水放大到原子層級，看到的應該就是點（粒子）囉！我們覺得現實世界看起來很「平滑」，可以說是構成要素多到趨近於無限所呈現出來的性質。

面積、體積的計算也跟數位相機一樣

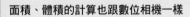

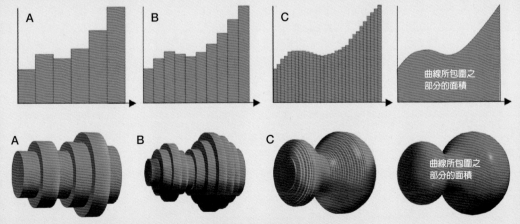

A　B　C

曲線所包圍之
部分的面積

A　B　C

曲線所包圍之
部分的面積

倘若將 A、B、C 進行更細密的切割並進行計算，就會趨近於沒有鋸齒的「真正的值」。

平方為負的數就是 「虛數」

有 在實數範疇中找不到答案的問題，譬如這個問題：「有二個數，相加的和為10，相乘的積為40。此二數分別是多少？」

該問題可以改寫成：「$25-x^2=40$，求 x 是多少？」。如果將算式稍微改變一下，就成了：「$x^2=-15$」。換言之，就是「找出平方等於－15的數」。但是，在實數中沒有平方為負的數，因為正數的平方是正數，負數的平方也還是正數之故。因此這個問題在實數的範疇絕對找不到答案。以我們中學所學的數學來說，回答「無解」，就是正確答案。

「相加的和為10，相乘的積為40的二數為何？」本來這個問題是無解的，但是義大利米蘭的醫生也是數學家的卡當諾（Gerolamo Cardano，1501～1576）卻寫出答案為：「$5+\sqrt{-15}$」和「$5-\sqrt{-15}$」。就這樣，卡當諾展現出只要擁有「平方為負的數」，亦即「虛數」，即使是無解的問題也能夠找到答案。

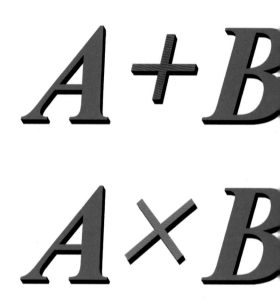

若以四邊形面積來思考會如何？

1邊長為 5 的正方形其面積為25（①）。若能找到周長與該正方形一樣，而面積為40的長方形，那麼該長方形的長和寬就是卡當諾問題的答案。然而，在周長相等的長方形中，面積最大的就是正方形。例如：長 7×寬 3 的長方形面積為21（②）；長 2×寬 8 的長方形面積為16（③），任何一個狀況都比25小。由此可知，「長和寬合計為10，面積超過25的長方形並不存在」。

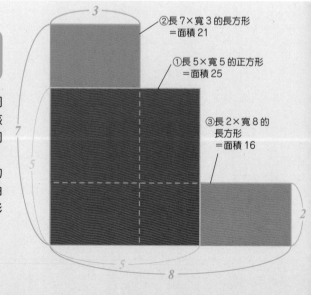

②長 7×寬 3 的長方形
＝面積 21

①長 5×寬 5 的正方形
＝面積 25

③長 2×寬 8 的長方形
＝面積 16

卡當諾問題

16世紀義大利米蘭的數學家卡當諾在其所著數學書籍《大術》中提到的這個問題,就是若不使用虛數便得不到答案的範例之一。如果將所要求的二數代換成A和B,即可寫成如下兩式(A + B = 10,A×B = 40)。

$$= 10$$

$$= 40$$

卡當諾問題的解法

問 題

求相加為10,相乘為40的二數

解 法

「比5大 x 的數」和「比5小 x 的數」的組合,找出相乘等於40的數。如果將二數代換為(5 + x)和(5 − x),則

$$(5 + x) \times (5 - x) = 40$$

使用中學時所學的公式 $(a + b) \times (a - b) = a^2 - b^2$,將左邊變形的話,則

$$5^2 - x^2 = 40$$

因為 $5^2 = 25$,因此 $$25 - x^2 = 40$$

移項就變成 $$x^2 = -15$$

x 為「平方為−15的數」,像這樣的數並不存在。但是卡當諾在書中將「平方後等於−15的數」寫成「$\sqrt{-15}$」,也就是暫時把它當成一般的數來處理。然後形成「比5大 x 的數」和「比5小 x 的數」的組合,並將「$5 + \sqrt{-15}$」和「$5 - \sqrt{-15}$」當成問題的答案記載在書中。

答

此二數為

$$5 + \sqrt{-15} \quad 和 \quad 5 - \sqrt{-15}$$

《Ars Magna》 (大術,英名: The Great Art)

卡當諾在1545年所撰寫的數學書籍。內容包括:三次方程式公式解、四次方程式公式解以及使用公式解求解答的練習題。

卡當諾
(1501 ~ 1576)
活躍於16世紀義大利米蘭的醫生暨數學家。

由實數與虛數組成的數

虛數概念在一開始並未被數學家所接受,這是因為普通的數可以利用「個數」、「數線」來理解,但是虛數卻難以想像。

因此丹麥的測量工程師韋塞爾(Casper Wessel,1745~1818)有了這樣的想法:「如果虛數不在數線上,那麼是不是可以認為虛數位在數線之外,也就是將從原點往上延伸的箭頭視為虛數呢?」這個點子獲得莫大的成功。如果以水平的數線來表現實數,另一與之垂直的數線代表虛數的話,就形成擁有二個座標軸的平面。

法國的會計師阿爾甘(Jean Robert Argand,1768~1822)和德國的數學家高斯(Johann Carl Friedrich Gauss,1777~1855),也都跟韋塞爾在差不多的時間分別想到相同的點子。高斯將以點表現在該平面上的數命名為「複數」(德語為Komplex Zahl)。所謂複數(英語為complex number)就是由實數和虛數組合而成,一種新數的概念。就這樣,虛數開始可以被看見,也終於取得合理存在的地位。非但如此,虛數現在還是支持物理現象和科學技術之計算所必須且不可或缺的存在。

如何圖示虛數(1~4)

正數可用東西的個數或是直線的長度來表現。如果以圖表示的話,只要從代表0的點(原點)畫一個向右的箭頭即可(1)。在以圖表示負數時,只要從原點畫與正數相反方向的箭頭即可(2)。以圖表現虛數時,則只要從原點往上畫一箭頭就行了(3)。擁有以實數數線(實軸)為橫軸,虛數數線(虛軸)為縱軸的平面稱為「複數平面」(4)。

虛數單位　$i = \sqrt{-1}$
$(i^2 = -1)$

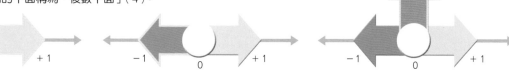

1. 正的實數是「向右的箭頭」
向右畫一適當長度的箭頭,若將此箭頭當成「+1」,定為正數單位的話,就能夠以此為基準,作出各式各樣正數的圖。

2. 負的實數是「向左的箭頭」
置一代表0的點,定該點為「原點」。從原點延伸出與+1的箭頭相反方向的箭頭(深藍色)。若將此箭頭當成「−1」,定為負數的單位的話,就能夠以此為基準,圖示出各式各樣的負數。如此所形成的直線稱為「數線」,可以表現所有的實數。

3. 虛數在數線之「外」!
從原點往正上方畫出與+1、−1相同長度箭頭,若將此箭頭當成「−1的平方根($\sqrt{-1}$)」,定為虛數的單位(虛數單位i)的話,就能夠在圖上表現各式各樣的虛數($2i$、$\sqrt{3}\,i$等)。

虛數單位 i

以名言「我思故我在」而聞名的法國哲學家笛卡兒，將負數的平方根稱為「nombre imaginaire」（法語之意為想像的數），也是虛數（imaginary number）的語源。將「−1的平方根」，亦即將 $\sqrt{-1}$ 訂為虛數單位「i」的人是數學家歐拉。

笛卡兒
（1596～1650）

歐拉
（1707～1783）

將「i」訂為虛數單位的歐拉

在1748年發現「歐拉公式」（Euler's formula）的數學家。將「−1的平方根」（亦即 $\sqrt{-1}$）訂為虛數單位「i」的也是歐拉。1738年他右眼失明，1766年全盲。但是他仍以一年平均執筆800頁論文的驚人速度不斷著作，更令人吃驚的是：據說他一生一半以上的著作是在全盲後利用口述筆記完成。

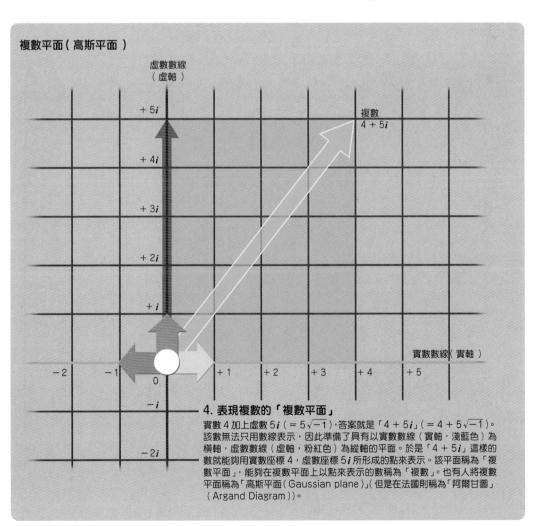

複數平面（高斯平面）

虛數數線（虛軸）

+ 5i

+ 4i

+ 3i

+ 2i

+ i

複數
4 + 5i

實數數線（實軸）

− 2   − 1   0   + 1   + 2   + 3   + 4   + 5

− i

− 2i

4. 表現複數的「複數平面」

實數 4 加上虛數 5i（＝5$\sqrt{-1}$），答案就是「4 + 5i」（＝4 + 5$\sqrt{-1}$）。該數無法只用數線表示，因此準備了具有以實數數線（實軸，淺藍色）為橫軸，虛數數線（虛軸，粉紅色）為縱軸的平面。於是「4 + 5i」這樣的數就能夠用實數座標 4，虛數座標 5i 所形成的點來表示。該平面稱為「複數平面」，能夠在複數平面上以點來表示的數稱為「複數」。也有人將複數平面稱為「高斯平面」（Gaussian plane）（但是在法國則稱為「阿爾甘圖」（Argand Diagram））。

更容易操作大數的技巧「指數」

我們常將非常龐大的數字稱為「天文數字」，這是因為在以宇宙、天體為對象的天文學世界，出現許多非常龐大的數字之故。舉例來說，可觀測宇宙的大小約 1,000,000,000,000,000,000,000,000,000 公尺，由於排列的 0 個數實在太多，乍看下很難知道究竟有多少個 0，更無法想像宇宙有多大。

能夠便利操作如此龐大之數字的工具就是「指數」（exponent）。誠如「10^3」所示，置於數字右上方的小數字就是「指數」。10^3 讀作 10 的 3 次方，意思是「10 乘 3 次所得到的數字」，亦即 $10 \times 10 \times 10 = 1000$。前面提到的宇宙大小可以寫成「$10^{27}$」，若能將如此龐大的數字寫成指數，就能將位數很多的數以非常簡潔的方式表示出來。

看到指數，就能瞬間掌握是幾個位數的數。「指數＋1」就是該數的位數，因此只要看到 10^{27}，就知道該數是有 28 個位數的大數。想要比較二個以普通表示方式書寫的大數，可能需要一點功夫。但若使用指數，一眼就能比較出大小，也不會有位數讀取錯誤的問題發生。

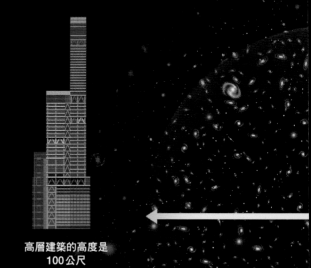

高層建築的高度是
100公尺

10^2 m

可觀測宇宙的大小
1,000,000,000,000,000,000,000,000,000 m

10^{27} m

也能表示「同一數的重複相乘」

指數是「同一數重複相乘的次數」，而「重複相乘的數」稱為「底數」。底數可以是任意數，舉例來說，2^3 是 $2 \times 2 \times 2$，像這樣使用指數，就能將同一數的重複相乘簡單表示出來。

指數也能是負數。什麼是指數為負數呢？指數為負數的數可以用來表示極小的數值。例如：氫原子的大小是 0.0000000001 公尺，該數值若以指數表示的話，可以寫成「10^{-10}」，這就是 $\frac{1}{10^{10}}$ 的意思。

不管是大數還是小數都能簡單表示出來

從「可觀測宇宙大小」到「原子直徑」，各種大小之物體的概數皆可以指數來表示。以普通的表示方式書寫的數值若過大或過小時，很難一眼就知道其大小。但若使用指數，縮短數字排列，很容易就能知道數值的大小了。

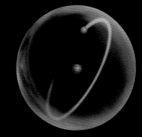

原子的直徑
0.0000000001 m

10^{-10} m

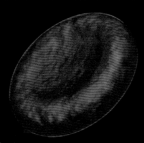

紅血球的大小
0.00001 m

10^{-5} m

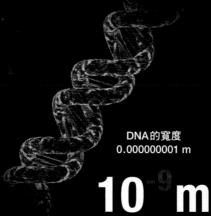

DNA的寬度
0.000000001 m

10^{-9} m

人類的身高
1 m

10^0 m

地球的直徑
10,000,000 m

10^7 m

當重複的數增加，結果會急速變大

數學上指同一數自乘若干次的形式（或是因此而得到的數）稱為「乘冪」（power）或稱乘方、次方。重複相乘的次數愈多，所得到的大數會超乎想像的龐大。

影印紙的厚度大約 0.1 毫米（mm），將該影印紙對半裁切，然後重疊。於是重疊的二張影印紙厚度變為原來的 2 倍，亦即 0.2 毫米。

那麼，將重疊的 2 張影印紙再對半裁切，然後重疊厚度變為原來的 2 倍，再對半裁切，再重疊……，這樣的動作一直反覆進行，最後結果會怎樣呢？重疊的影印紙厚度會從 0.1mm → 0.2mm → 0.4mm → 0.8mm → 1.6mm ……，持續倍增。到第 10 次時，厚度已達 100 毫米（10 公分）。

如果再繼續裁切、重疊，到 23 次時，高度會超過東京晴空塔（高度 634 公尺）約達 840 公尺。重複裁切、重疊到第 42 次時，高度達 44 萬公里，已經超過地球到月球的距離（約 38 萬公里）。重複次數愈多，所得到的數值會暴增。

乘冪使得到的數值暴增！

插圖所繪為重複將影印紙對半裁切、重疊 42 次時，重疊的紙張厚度超過從地球到月球之距離的示意圖。事實上，紙張的面積會變得非常小，此處所繪為誇張的表現。

地面附近的放大圖

富士山：海拔高度3776公尺

第25次
約3355公尺

第24次
約1678公尺

第23次
約839公尺

東京晴空塔
高度634公尺

第42次
約44萬公里

第41次
約22萬公里

到月球的距離
約38萬公里

將影印紙對半裁切後重疊，然後將重疊的影印紙再對半裁切、重疊，重疊的影印紙厚度會2倍、4倍、8倍、16倍……，成倍數增加。不過A4的紙（邊長約30公分）重複對半裁切、重疊大約42次後，紙張的大小（縱橫長度）會變成分子層級（100奈米左右）。

所謂「對數」 就是重複相乘的次數

某 數重複自乘多次之後，得到一個數，這個自乘數次稱為「對數」（logarithm）。舉例來說，2 自乘數次之後結果為 8 時，該對數就是 3（8 = 2^3）。表現對數時會使用「log」這個字來表示，前面提到的這個例子可以寫成「$\log_2 8$」（8 = 2^3，所以 $\log_2 8 = 3$）。

log 右下的小數字表示重複自乘的數，稱為「底」（或稱底數），在本例中為 2，跟在其後的數字表示自乘後的結果，稱為「真數」（在本例中為 8）。

又，底的部分並非一定是 2，比方說「$\log_{10} 1000$」是 10 重複相乘數次後結果為 1000 時（底為10，真數為 1000 時）之自乘的次數，答案是 3。又，這種以 10 為底的對數稱為「常用對數」（common logarithm）。

對數也出現在表示在夜空閃爍之恆星的亮度等級、表示地震規模的震級、表示酸鹼性之指標的 pH 值（酸鹼值）以及表示聲音大小的「分貝」（decibel，符號為 dB）等生活的各場景中。

所謂對數就是重複相乘的次數

所謂對數係指某數重複相乘得出另一個數時，重複相乘的次數。直截了當的說就是「乘上多少次方呢？」

對數 當○重複乘上多少次會等於□時的相乘次數

恆星的亮度與對數

橫條圖的橫軸係表示以 6 等星為基準時的光量。此外，插圖所繪之各恆星的發光直徑也與光量成正比。

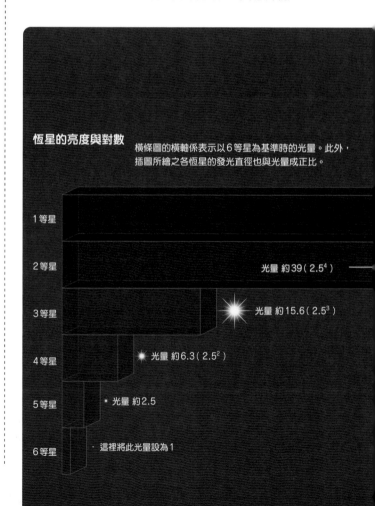

1 等星

2 等星　　光量 約39（2.5^4）

3 等星　　光量 約15.6（2.5^3）

4 等星　光量 約6.3（2.5^2）

5 等星　光量 約2.5

6 等星　這裡將此光量設為 1

對數與指數為互為表裡的關係（○、□、△的關係為兩者皆相同）

$$\log_\bigcirc \square = \triangle \longleftrightarrow \bigcirc^\triangle = \square$$

當○重複乘上多少次會等於□時的相乘次數（△）　　　　　　　　　○乘上△次方所等於的數（□）

對數與指數之關係的實例

$$\log_2 8 = 3 \longleftrightarrow 2^3 = 8$$

$$\log_2 32 = 5 \longleftrightarrow 2^5 = 32$$

$$\log_2 536870912 = 29 \longleftrightarrow 2^{29} = 536870912$$

$$\log_{10} 1000 = 3 \longleftrightarrow 10^3 = 1000$$

$$\log_3 81 = 4 \longleftrightarrow 3^4 = 81$$

恆星亮度與對數

插圖所繪係表示 1 等星到 6 等星的光量（亮度）差異。假設將 6 等星的
光量當做 1，則隨著「5 等星、4 等星……」的等級增加，光量成2.5
倍、再2.5倍的方式增加。恆星的等級與基準星的光量差，乃是根據
「2.5的幾次方」而定。該「2.5的幾次方（2.5重複相乘的次數為多少
次）」完全就是對數的概念。

光量 約100（2.5^5）

專欄
COLUMN

表示地震規模的震級也是對數

對數也與表示地震大小的單位「地震規模」（magnitude）有關。地震規模的值係表示地震之際所釋
放之能量多寡的推估。將地震能量寫成 E，地震規模的值寫成 M，則 E 和 M 為可滿足使用對數之
「$\log_{10} E = 4.8 + 1.5M$」關係式者。像這樣，將能量的多寡轉換成對數表示的就是 M（地震規模）。
　　若將該算式轉換成指數表示的話，就便成 $E = 10^{4.8+1.5M}$。從該算式可知，當 M 的值變大為 2 時，E
的值就變大為 $10^{1.5M} = 10^{1.5 \times 2} = 10^3$ 倍。10^3 就是 1000，換句話說，當 M 值相差 2 時，地震釋放的能量
就相差 1000 倍。

只要看對數表，
就知道對數的值

全世界第一位想出對數的人是蘇格蘭的數學家納皮爾（John Napier，1550～1617）。他在1614年發表以拉丁文寫成的論文《Mirifici Logarithmorum Canonis Descriptio》（驚人的對數規則與記述），裡面有現在對數的原型「納皮爾對數」的列表。

當時是大航海時代，船員們藉由觀測天體來計算船隻的位置。不過因為這樣的計算用到「三角函數」（用以表示直角三角形之邊長與角的關係）的乘法，過程非常複雜。而納皮爾想出來的對數是運用了對數的性質，將複雜的乘法轉換成加法，計算起來非常輕鬆。納皮爾大約花費了20年的時間來思考各種角度的三角函數值，及其以對數來表示的對數表。

以今天來說，一開始納皮爾對數是接近底為0.9999999（$1-10^{-7}$）的對數，很不容易使用。因此，納皮爾與同為英國人的布里格斯（Henry Briggs，1561～1630）相約，編製出更容易使用，以10為底的對數表。 然納皮爾隨後在1617年過世，布里格斯繼承納皮爾的遺志，戮力計算以10為底的對數，終於在1624年發表至100,000之正整數的對數表。

以10為底的對數稱為「常用對數」。藉由常用對數的出現，天文學的計算變得非常容易，並且流傳至全世界。布里格斯的常用對數表在一邊使用一邊修正的情況下，一直使用到20世紀。

底為10的常用對數表（右）

表左端數字所表示的是想要知道對數值之真數的整數部分和小數點第1位；表上端列所表示的是真數的小數點第2位。舉例來說，當想要知道$\log_{10}4.83$的值時，只要看4.8這列與3這行交叉部分的數字（0.6839）就是答案。

具有對數之意的「logarithm」是納皮爾創造的英文字，是由希臘字的logos（神的語言）和arithmos（數）組合而成，意思是「神之數」。

數	0	1	2	3	4	5	6	7	8	9
1.0	0.0000	0.0043	0.0086	0.0128	0.0170	0.0212	0.0253	0.0294	0.0334	0.0374
1.1	0.0414	0.0453	0.0492	0.0531	0.0569	0.0607	0.0645	0.0682	0.0719	0.0755
1.2	0.0792	0.0828	0.0864	0.0899	0.0934	0.0969	0.1004	0.1038	0.1072	0.1106
1.3	0.1139	0.1173	0.1206	0.1239	0.1271	0.1303	0.1335	0.1367	0.1399	0.1430
1.4	0.1461	0.1492	0.1523	0.1553	0.1584	0.1614	0.1644	0.1673	0.1703	0.1732
1.5	0.1761	0.1790	0.1818	0.1847	0.1875	0.1903	0.1931	0.1959	0.1987	0.2014
1.6	0.2041	0.2068	0.2095	0.2122	0.2148	0.2175	0.2201	0.2227	0.2253	0.2279
1.7	0.2304	0.2330	0.2355	0.2380	0.2405	0.2430	0.2455	0.2480	0.2504	0.2529
1.8	0.2553	0.2577	0.2601	0.2625	0.2648	0.2672	0.2695	0.2718	0.2742	0.2765
1.9	0.2788	0.2810	0.2833	0.2856	0.2878	0.2900	0.2923	0.2945	0.2967	0.2989
2.0	0.3010	0.3032	0.3054	0.3075	0.3096	0.3118	0.3139	0.3160	0.3181	0.3201
2.1	0.3222	0.3243	0.3263	0.3284	0.3304	0.3324	0.3345	0.3365	0.3385	0.3404
2.2	0.3424	0.3444	0.3464	0.3483	0.3502	0.3522	0.3541	0.3560	0.3579	0.3598
2.3	0.3617	0.3636	0.3655	0.3674	0.3692	0.3711	0.3729	0.3747	0.3766	0.3784
2.4	0.3802	0.3820	0.3838	0.3856	0.3874	0.3892	0.3909	0.3927	0.3945	0.3962
2.5	0.3979	0.3997	0.4014	0.4031	0.4048	0.4065	0.4082	0.4099	0.4116	0.4133
2.6	0.4150	0.4166	0.4183	0.4200	0.4216	0.4232	0.4249	0.4265	0.4281	0.4298
2.7	0.4314	0.4330	0.4346	0.4362	0.4378	0.4393	0.4409	0.4425	0.4440	0.4456
2.8	0.4472	0.4487	0.4502	0.4518	0.4533	0.4548	0.4564	0.4579	0.4594	0.4609
2.9	0.4624	0.4639	0.4654	0.4669	0.4683	0.4698	0.4713	0.4728	0.4742	0.4757
3.0	0.4771	0.4786	0.4800	0.4814	0.4829	0.4843	0.4857	0.4871	0.4886	0.4900
3.1	0.4914	0.4928	0.4942	0.4955	0.4969	0.4983	0.4997	0.5011	0.5024	0.5038
3.2	0.5051	0.5065	0.5079	0.5092	0.5105	0.5119	0.5132	0.5145	0.5159	0.5172
3.3	0.5185	0.5198	0.5211	0.5224	0.5237	0.5250	0.5263	0.5276	0.5289	0.5302
3.4	0.5315	0.5328	0.5340	0.5353	0.5366	0.5378	0.5391	0.5403	0.5416	0.5428
3.5	0.5441	0.5453	0.5465	0.5478	0.5490	0.5502	0.5514	0.5527	0.5539	0.5551
3.6	0.5563	0.5575	0.5587	0.5599	0.5611	0.5623	0.5635	0.5647	0.5658	0.5670
3.7	0.5682	0.5694	0.5705	0.5717	0.5729	0.5740	0.5752	0.5763	0.5775	0.5786
3.8	0.5798	0.5809	0.5821	0.5832	0.5843	0.5855	0.5866	0.5877	0.5888	0.5899
3.9	0.5911	0.5922	0.5933	0.5944	0.5955	0.5966	0.5977	0.5988	0.5999	0.6010
4.0	0.6021	0.6031	0.6042	0.6053	0.6064	0.6075	0.6085	0.6096	0.6107	0.6117
4.1	0.6128	0.6138	0.6149	0.6160	0.6170	0.6180	0.6191	0.6201	0.6212	0.6222
4.2	0.6232	0.6243	0.6253	0.6263	0.6274	0.6284	0.6294	0.6304	0.6314	0.6325
4.3	0.6335	0.6345	0.6355	0.6365	0.6375	0.6385	0.6395	0.6405	0.6415	0.6425
4.4	0.6435	0.6444	0.6454	0.6464	0.6474	0.6484	0.6493	0.6503	0.6513	0.6522
4.5	0.6532	0.6542	0.6551	0.6561	0.6571	0.6580	0.6590	0.6599	0.6609	0.6618
4.6	0.6628	0.6637	0.6646	0.6656	0.6665	0.6675	0.6684	0.6693	0.6702	0.6712
4.7	0.6721	0.6730	0.6739	0.6749	0.6758	0.6767	0.6776	0.6785	0.6794	0.6803
4.8	0.6812	0.6821	0.6830	0.6839	0.6848	0.6857	0.6866	0.6875	0.6884	0.6893
4.9	0.6902	0.6911	0.6920	0.6928	0.6937	0.6946	0.6955	0.6964	0.6972	0.6981
5.0	0.6990	0.6998	0.7007	0.7016	0.7024	0.7033	0.7042	0.7050	0.7059	0.7067
5.1	0.7076	0.7084	0.7093	0.7101	0.7110	0.7118	0.7126	0.7135	0.7143	0.7152
5.2	0.7160	0.7168	0.7177	0.7185	0.7193	0.7202	0.7210	0.7218	0.7226	0.7235
5.3	0.7243	0.7251	0.7259	0.7267	0.7275	0.7284	0.7292	0.7300	0.7308	0.7316
5.4	0.7324	0.7332	0.7340	0.7348	0.7356	0.7364	0.7372	0.7380	0.7388	0.7396
5.5	0.7404	0.7412	0.7419	0.7427	0.7435	0.7443	0.7451	0.7459	0.7466	0.7474
5.6	0.7482	0.7490	0.7497	0.7505	0.7513	0.7520	0.7528	0.7536	0.7543	0.7551
5.7	0.7559	0.7566	0.7574	0.7582	0.7589	0.7597	0.7604	0.7612	0.7619	0.7627
5.8	0.7634	0.7642	0.7649	0.7657	0.7664	0.7672	0.7679	0.7686	0.7694	0.7701
5.9	0.7709	0.7716	0.7723	0.7731	0.7738	0.7745	0.7752	0.7760	0.7767	0.7774
6.0	0.7782	0.7789	0.7796	0.7803	0.7810	0.7818	0.7825	0.7832	0.7839	0.7846
6.1	0.7853	0.7860	0.7868	0.7875	0.7882	0.7889	0.7896	0.7903	0.7910	0.7917
6.2	0.7924	0.7931	0.7938	0.7945	0.7952	0.7959	0.7966	0.7973	0.7980	0.7987
6.3	0.7993	0.8000	0.8007	0.8014	0.8021	0.8028	0.8035	0.8041	0.8048	0.8055
6.4	0.8062	0.8069	0.8075	0.8082	0.8089	0.8096	0.8102	0.8109	0.8116	0.8122
6.5	0.8129	0.8136	0.8142	0.8149	0.8156	0.8162	0.8169	0.8176	0.8182	0.8189
6.6	0.8195	0.8202	0.8209	0.8215	0.8222	0.8228	0.8235	0.8241	0.8248	0.8254
6.7	0.8261	0.8267	0.8274	0.8280	0.8287	0.8293	0.8299	0.8306	0.8312	0.8319
6.8	0.8325	0.8331	0.8338	0.8344	0.8351	0.8357	0.8363	0.8370	0.8376	0.8382
6.9	0.8388	0.8395	0.8401	0.8407	0.8414	0.8420	0.8426	0.8432	0.8439	0.8445
7.0	0.8451	0.8457	0.8463	0.8470	0.8476	0.8482	0.8488	0.8494	0.8500	0.8506
7.1	0.8513	0.8519	0.8525	0.8531	0.8537	0.8543	0.8549	0.8555	0.8561	0.8567
7.2	0.8573	0.8579	0.8585	0.8591	0.8597	0.8603	0.8609	0.8615	0.8621	0.8627
7.3	0.8633	0.8639	0.8645	0.8651	0.8657	0.8663	0.8669	0.8675	0.8681	0.8686
7.4	0.8692	0.8698	0.8704	0.8710	0.8716	0.8722	0.8727	0.8733	0.8739	0.8745
7.5	0.8751	0.8756	0.8762	0.8768	0.8774	0.8779	0.8785	0.8791	0.8797	0.8802
7.6	0.8808	0.8814	0.8820	0.8825	0.8831	0.8837	0.8842	0.8848	0.8854	0.8859
7.7	0.8865	0.8871	0.8876	0.8882	0.8887	0.8893	0.8899	0.8904	0.8910	0.8915
7.8	0.8921	0.8927	0.8932	0.8938	0.8943	0.8949	0.8954	0.8960	0.8965	0.8971
7.9	0.8976	0.8982	0.8987	0.8993	0.8998	0.9004	0.9009	0.9015	0.9020	0.9025
8.0	0.9031	0.9036	0.9042	0.9047	0.9053	0.9058	0.9063	0.9069	0.9074	0.9079
8.1	0.9085	0.9090	0.9096	0.9101	0.9106	0.9112	0.9117	0.9122	0.9128	0.9133
8.2	0.9138	0.9143	0.9149	0.9154	0.9159	0.9165	0.9170	0.9175	0.9180	0.9186
8.3	0.9191	0.9196	0.9201	0.9206	0.9212	0.9217	0.9222	0.9227	0.9232	0.9238
8.4	0.9243	0.9248	0.9253	0.9258	0.9263	0.9269	0.9274	0.9279	0.9284	0.9289
8.5	0.9294	0.9299	0.9304	0.9309	0.9315	0.9320	0.9325	0.9330	0.9335	0.9340
8.6	0.9345	0.9350	0.9355	0.9360	0.9365	0.9370	0.9375	0.9380	0.9385	0.9390
8.7	0.9395	0.9400	0.9405	0.9410	0.9415	0.9420	0.9425	0.9430	0.9479	0.9489
8.8	0.9445	0.9450	0.9455	0.9460	0.9465	0.9469	0.9474	0.9479	0.9484	0.9489
8.9	0.9494	0.9499	0.9504	0.9509	0.9513	0.9518	0.9523	0.9528	0.9533	0.9538
9.0	0.9542	0.9547	0.9552	0.9557	0.9562	0.9566	0.9571	0.9576	0.9581	0.9586
9.1	0.9590	0.9595	0.9600	0.9605	0.9609	0.9614	0.9619	0.9624	0.9628	0.9633
9.2	0.9638	0.9643	0.9647	0.9652	0.9657	0.9661	0.9666	0.9671	0.9675	0.9680
9.3	0.9685	0.9689	0.9694	0.9699	0.9703	0.9708	0.9713	0.9717	0.9722	0.9727
9.4	0.9731	0.9736	0.9741	0.9745	0.9750	0.9754	0.9759	0.9763	0.9768	0.9773
9.5	0.9777	0.9782	0.9786	0.9791	0.9795	0.9800	0.9805	0.9809	0.9814	0.9818
9.6	0.9823	0.9827	0.9832	0.9836	0.9841	0.9845	0.9850	0.9854	0.9859	0.9863
9.7	0.9868	0.9872	0.9877	0.9881	0.9886	0.9890	0.9894	0.9899	0.9903	0.9908
9.8	0.9912	0.9917	0.9921	0.9926	0.9930	0.9934	0.9939	0.9943	0.9948	0.9952
9.9	0.9956	0.9961	0.9965	0.9969	0.9974	0.9978	0.9983	0.9987	0.9991	0.9996

根據推論估算大致答案的「費米推論」

當被問到：「我們所在的銀河系有多少顆恆星呢？」時，請問各位會如何導出答案？

即使這種乍看下毫無任何線索的問題，也會使用自己已經知道的某些數據，或是建立簡單的假說進行推論，以得到大概的答案。而最擅長藉由推論，推估出大概數字的人就是美國的物理學家費米（Enrico Fermi，1901～1954）。

費米最有名的軼聞就是他曾問學生這樣的問題：「在芝加哥有多少名鋼琴調音師」，對於這種很難一口就回答出的問題，藉由推論估算數字的方法稱為「費米推論」（Fermi estimate）。

費米推論終究只是估算大概會是幾位數的數，並非用以獲得正確答案的方法。但是，藉由這樣的推論而能估算出大概的數值，對於事物的規模和概要的掌握相當有幫助。

似乎無法立即得到答案的問題

在此舉三個例子來探討費米推論。費米推論的訣竅在於思考該問題是由什麼樣的要素所組成，然後建立假設。在此對於所提出的問題，都有提供進行費米推論所需的提示和解答範例，各位一定要挑戰看看。

Q 銀河系有多少顆恆星呢？

進行費米推論所需的提示

- 星系體積乘上星系內的恆星密度應該就能算出恆星的總數。
- 到與太陽相鄰之恆星的距離為 4.2 光年。該如何估算銀河系內的恆星密度呢？

解答例：

1. 假設銀河系半徑為 5 萬光年，厚度為 1000 光年。那麼，銀河系的體積為 3.14×5 萬 $\times 5$ 萬 $\times 1000 \fallingdotseq 8 \times 10^{12}$ 光年 ^{3}（立方光年）左右。
2. 太陽與相鄰恆星的距離為 4.2 光年，因此假設在 1 邊為 4 光年之立方體（體積為 64 光年 ^{3}）的宇宙空間中有 1 顆恆星。
3. 銀河系的恆星數量為 $8 \times 10^{12} \div 64 \fallingdotseq 1.3 \times 10^{11}$ 顆，亦即有 1300 億顆左右。

根據宇宙觀測資料所做的研究，天文學家認為銀河系中大約有 2000 億顆恆星。與上面的估算值差不到 2 倍，可以算是比較準確的估算。

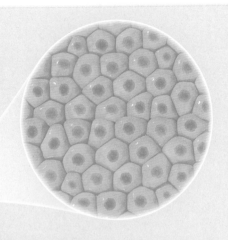

Q 人體到底有多少個細胞呢？

進行費米推論所需的提示

- 人體體積除以單個細胞的體積，就能算出細胞的總數。
- 假設人的體重為 70 公斤，密度跟水一樣都是每 1 立方公分 1 公克。那麼體積就是……。

解答例：

1. 假設人的體重為 70 公斤，密度為每 1 立方公分 1 公克。那麼，人體的體積大約是 70000 立方公分左右。
2. 假設細胞的直徑為 0.001 公分，單個細胞的體積約為 10^{-9} 立方公分。
3. 人體的細胞數為人體體積除以單個細胞體積，亦即 $70000 \div 10^{-9} = 7 \times 10^{13}$ 個。換句話說，人體有 70 兆個左右的細胞。

根據最近的研究，人體的細胞個數預估約 37 兆個。上面的推算值因為位數相同，可以說是較佳的估算。

Q 日本東京都內究竟有多少根電線桿呢？

進行費米推論所需的提示

- 1 平方公里平均有幾根電線桿呢？
- 東京都的面積有多大呢？

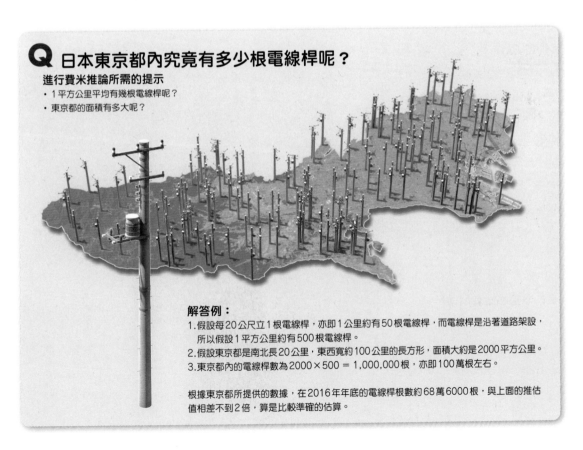

解答例：

1. 假設每 20 公尺立 1 根電線桿，亦即 1 公里約有 50 根電線桿，而電線桿是沿著道路架設，所以假設 1 平方公里約有 500 根電線桿。
2. 假設東京都是南北長 20 公里，東西寬約 100 公里的長方形，面積大約是 2000 平方公里。
3. 東京都內的電線桿數為 $2000 \times 500 = 1,000,000$ 根，亦即 100 萬根左右。

根據東京都所提供的數據，在 2016 年年底的電線桿根數約 68 萬 6000 根，與上面的推估值相差不到 2 倍，算是比較準確的估算。

一直連接至無窮盡的驚人分數

分數的分母中還含有分數的數稱為「連分數」（continued fractions）。像是分數的分母中僅含有一個分數的結構是連分數。而分數的分母中還有分數、分數的分母中還有分數……，這樣的結構一直延續到無窮，也是一種連分數。在延續到無窮的連分數中，有僅相同的數一直重複的連分數，這樣的秩序美格外引人注目。

舉例來說，$\sqrt{2}$ 若以小數來表示就是 1.41421356……，看不到規律性，數字一直無窮盡延續下去。但是如果使用連分數來表示 $\sqrt{2}$ 的話，就能夠只用非常單純的整數「1」和「2」來表示。

一般認為最美麗的比率「黃金比」（golden ratio）就是 $a : b = b : a + b$，其值為 $1 : 1.618……$，此 1.618……被稱為「黃金數」（ϕ），可用無窮連分數來表示。以連分數來表現黃金數時，出現的數字竟然只有 1。沒想到象徵設計之美的黃金比，竟然也蘊藏著數學之美。

如何以連分數來表示圓周率 π 及自然對數的底數 e 呢？

像 $\sqrt{2}$、黃金數這類完全相同的結構延續無窮的連分數稱為「循環連分數」（periodic continued fraction）。

可用無窮連分數來表示的數，還有無限多個。例如像是圓周率 π 或是「自然對數的底數 e」這些特別的數，都可以用連分數來表示。

圓周率 π 和自然對數的底數 e 都是在小數點以下的數字不循環的無限小數（無理數）。儘管如此，但是在以連分數表示時，僅是乍看就能看出具有非常美麗的規律性。在這樣美麗的規律性背後，應該可以深切體悟到連分數深奧的神祕性。

無窮連分數和有限連分數

圓周率 π 和自然對數的底數 e 當然不用說，像 $\sqrt{2}$ 等無理數 連分數皆會持續到無窮盡（無窮連分數）。另一方面，原本就能以整數的分數來表示的數（有理數），若以連分數來表示的話，就一定是有限的連分數。

連分數是光看外在形式就讓人覺得是很有趣的數學算式，但其實使用時還有一個小撇步，例如無理數的連分數（無窮連分數），若中途停止在分母加入分數就計算的話，可以得到近似值。

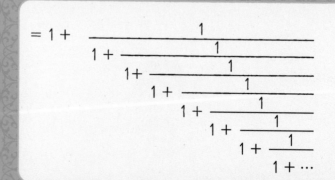

專欄 COLUMN
黃金數也具數學之美

若以連分數來表示黃金數（ϕ）的話，出現在數學算式中的數字僅有 1。簡潔且非常美麗之黃金數的連分數，其實相當神祕。

$$= 1 + \cfrac{1}{1 + \cfrac{1}{1 + \cfrac{1}{1 + \cfrac{1}{1 + \cfrac{1}{1 + \cfrac{1}{1 + \cfrac{1}{1 + \cdots}}}}}}}$$

$$\sqrt{2} = 1 + \cfrac{1}{2+\cfrac{1}{2+\cfrac{1}{2+\cfrac{1}{2+\cfrac{1}{2+\cfrac{1}{2+\cfrac{1}{2+\cfrac{1}{2+\cfrac{1}{2+\cfrac{1}{2+\cdots}}}}}}}}}}$$

可一直延續下去的連分數

插圖所繪為 $\sqrt{2}$ 以連分數來表示的情形。不管是 $\sqrt{2}$ 或是左頁下方的黃金數 φ（phi），原本都是無法以分母、分子為整數的分數來表示的數（無理數），但是若使用無窮連分數來表示的話，非常神奇的，僅以非常單純的數就能將之表現出來。

在特殊數的連分數中隱藏著美麗的秩序

美麗的連分數有很多，例如：圓周率 π 和自然對數的底數 e 也都可以用無窮連分數來表示。在這些數的連分數表示中，分別都可以看到某種規律性。在 π 的連分數表示中，可看到分母是奇數依序出現；分子是自然數的 2 次方依序出現。另一方面，在自然對數的底數 e 的連分數表示中，從第二個分母開始，每隔二個數之後就出現一個偶數。

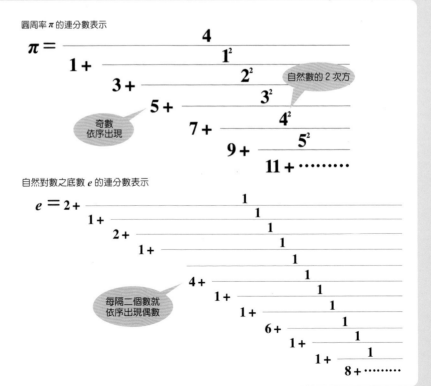

圓周率 π 的連分數表示

$$\pi = \cfrac{4}{1+\cfrac{1^2}{3+\cfrac{2^2}{5+\cfrac{3^2}{7+\cfrac{4^2}{9+\cfrac{5^2}{11+\cdots}}}}}}$$

自然數的 2 次方

奇數依序出現

自然對數之底數 e 的連分數表示

$$e = 2 + \cfrac{1}{1+\cfrac{1}{2+\cfrac{1}{1+\cfrac{1}{1+\cfrac{1}{4+\cfrac{1}{1+\cfrac{1}{1+\cfrac{1}{6+\cfrac{1}{1+\cfrac{1}{1+\cfrac{1}{8+\cdots}}}}}}}}}}}$$

每隔二個數就依序出現偶數

自然界的量以各種單位「記述」

「1 00公尺競走」、「1公斤的米」等等，在我們日常生活中，會在不同場合使用各式各樣的單位。倘若沒有單位，我們就不知道該數字表示什麼意思，使用起來非常不方便。

在古早的年代，各個地域分別使用各自的單位。邁入18世紀之後，開始有了把單位統一起來的行動。時至今日，國際間制訂了長度的單位「公尺」、質量的單位「公斤」、時間的單位「秒」、電流的單位「安培」、溫度的單位「克耳文」、物質量的單位「莫耳」、光度的單位「燭光」共7個全球共通的基本單位。

另一方面，面積、速度、力等等各式各樣的單位，其實是由7個基本單位組合而成，這些單位稱為「導出單位」。

除此之外，還有表示地震規模的「地震矩規模」（moment magnitude scale，Mw）、資訊量的「位元」（bit）等，在生活中我們使用了各式各樣的單位。

長度（公尺：m）

最初1公尺的基準是地球的子午線（經線）長度，把1公尺定義為從北極到赤道的子午線長度的1000萬分之1。然後，1889年使用鉑和銥的合金製造「國際公尺原器」做為長度的基準。

現在，決定以「光速」為基準來定義長度的單位。光速具有不受光的波長、光源的運動、光的行進方向等因素的影響，即使經過再久的時間也不會改變的性質。因此，現在1公尺的定義是「光在真空中於299,792,458分之1秒的時間內行進的距離」。

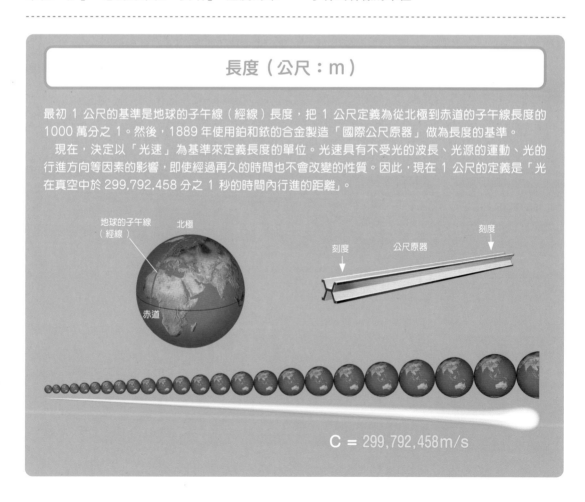

地球的子午線（經線）　北極
赤道
刻度　公尺原器　刻度

$C = 299,792,458 m/s$

質量（公斤：kg）

「質量」是表示物體移動困難度的量。例如，自行車的車籃裡載著貨物要行駛時，載著 5 公斤貨物的自行車會比載著 1 公斤貨物的自行車更難踩動（不易移動）。這裡所說的不易移動，正確的說法應該是物體加速的困難度。

國際間依據稱為「公斤原器」之砝碼的質量來定義質量的 1 公斤，而公斤原器是由鉑和銥的合金製成的砝碼。2019 年 5 月，使用普朗克常數 h 來重新定義質量的 1 公斤。

所謂質量是指「物體的移動困難度」

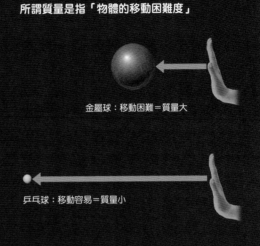

金屬球：移動困難＝質量大

乒乓球：移動容易＝質量小

質量是表示移動困難度（正確來說是加速困難度）的量。插圖所示，是在無重力空間中，對金屬球和乒乓球施加相同的力，推擠相同時間的情形。移動比較困難的金屬球，質量比較大。

時間（秒：s）

現在，用來定義 1 秒的基準為銫-133 原子。究其緣由是因為原子具有只吸收特定頻率（每 1 秒鐘的波振動數，單位為「赫茲」）的電磁波而提高能量狀態的性質。

以銫-133 原子來說，如果吸收了頻率 91 億 9263 萬 1770 赫茲的電磁波「微波」就會變成高能量狀態。現在，就是以銫-133 原子所吸收的微波做 91 億 9263 萬 1770 次振動所花的時間，定義為 1 秒。使用該原理而能正確報時的就是原子鐘。

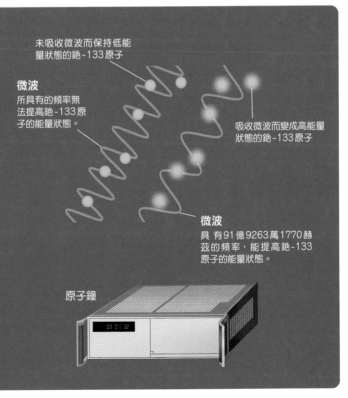

未吸收微波而保持低能量狀態的銫-133 原子

微波
所具有的頻率無法提高銫-133 原子的能量狀態。

吸收微波而變成高能量狀態的銫-133 原子

微波
具有 91 億 9263 萬 1770 赫茲的頻率，能提高銫-133 原子的能量狀態。

原子鐘

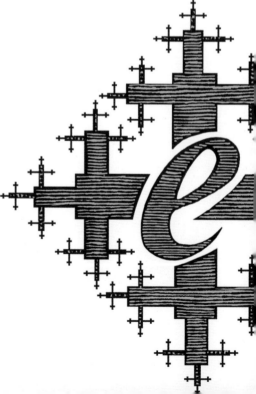

3

函數與方程式

Function and Equation

數值固定的常數「a」， 數值會變動的變數「x」

如同 $y = ax + 5b$，數學的算式中經常會出現「x」、「y」，或「a」、「b」等字母，它們各自代表著某個數值。「x」和「y」等位於英文字母尾端的文字，主要用來代表「變數」。所謂變數，是指會隨著時間或條件改變而變動，沒有一個固定數值的數。

例如，我們假設超市販賣的一盒 10 顆裝雞蛋的價格為「x」。雞蛋的價格每天變動，有時候 100 元，有時特價 80 元，價格並不固定，所以 x 是變數。假設 1 顆雞蛋的價格為「y」，因為 1 盒裝了 10 顆，所以可以寫成「$y = \dfrac{x}{10}$」。

此時 y 的值也會跟著變數 x 變動，所以是變數。

另一方面，「a」和「b」等位在英文字母最前端的文字，常用來代表某個固定數值的「常數」。

例如，某間超市提供的塑膠袋需另外付費，假設價格固定為「a」元。1 盒「x」元的雞蛋買 3 盒，其合計金額「y」可以寫成 $y = 3x + a$。雞蛋的價格（x）是每天變動的變數，但塑膠袋的價格（a）固定不變（比如 2 元），所以是常數。

何謂變數？

是指會隨著時間或條件改變而變動的數。用來代表變數的字母，主要使用位於 26 個英文字母尾端的「x」、「y」和「z」。此外，當變數為時間時通常會使用「t」（時間 time 的第 1 個字母），表示速度時通常會使用「v」（速度 velocity 的第 1 個字母）。

專欄 COLUMN 笛卡兒所推廣的表記方式

以 *x*、*y* 表示變數,以 *a*、*b* 表示常數的表記方式,據說是源自於法國的數學家笛卡兒(René Descartes,1596 ~ 1650),其後在全世界推廣開來,成為一般的表記法。但,即使沒有遵循該表記法,在數學上也不能說是錯的。

何謂常數?

是指不會隨時間或條件改變而變動,已固定為某個數值的數。主要使用位在 26 個英文字母最前端的「*a*」、「*b*」和「*c*」等。此外,也有一些常數如圓周率「*π*」和自然對數的底數「*e*」等,使用了特殊文字來表示。

　此外,自然對數的底數「*e*」為「2.718281……」,是小數位無限多且不循環的無理數。為歐拉所定義的數,據說 *e* 是取自歐拉(Euler)的第 1 個字母。數學上要分析自然現象和實驗結果、經濟活動等變化時,*e* 是具有極為重要功能的常數。

當一數確定，另一數也跟著確定，這種對應關係稱做「函數」

假設 A 超市的塑膠袋價格是固定的，都是 1 個 2 元，而雞蛋的價格卻是每天浮動的，1 盒雞蛋的價格是「x」。因此，若在 A 超市買了 3 盒雞蛋，並買塑膠袋盛裝時，那麼合計金額 y 就可以表示為 $y = 3x + 2$。

假設某天的雞蛋價格為每盒 100 元（$x = 100$）。那麼合計金額就是 $y = 3 \times 100 + 2 = 302$（元）。只要確定雞蛋的價格 x，就可以確定合計金額 y。

如果兩個變數中，給定一個變數的數值後，就能決定另一個變數的數值，那麼這種對應關係就稱做「函數」。前面的例子「$y = 3x + 2$」中，若給定 x 的數值，另一個變數 y 的數值也會確定下來，這種關係稱做「y 是 x 的函數」。

函數就像是一個神奇的箱子一樣，將一個數放入函數，經過某些計算後，可以得到一個計算結果（如右圖）。

函數的英語為「function」。function 為「功能」、「作用」之意。第一個將函數稱做 function 的人，是與牛頓同為微積分創始者的萊布尼茲（Gottfried Wilhelm Leibniz，1646 ～ 1716）。

函數與方程式有何不同？

有一個東西容易和函數混淆，那就是「方程式」（equation）。函數與方程式內都有「x」與「y」，且皆以「＝」連接左右兩邊，但兩者是不同的東西。

函數指的是兩個變數（x 與 y）之間的對應關係。譬如前面提到的超市雞蛋例子中，「$y = 3x + 2$」就是一個函數。

另一方面，方程式是為了求出滿足某個條件的未知數（譬如 x）而寫出來的等式。同樣以超市雞蛋為例，假設購買 3 盒雞蛋以及塑膠袋的合計金額（y）為 302 元，那麼計算 1 盒雞蛋（x）價格的式子可以寫成「$302 = 3x + 2$」。該式子就是一個方程式，計算 x 值是多少的過程，稱做「解方程式」（$x = 100$）。

將函數轉化為圖形，就能看見函數的「樣貌」

以數學式表現的函數是抽象的，想要想像二個數究竟是什麼樣的對應關係其實並不容易。以「$y = 3^x - 2x^2$」這個函數為例，光看數學式很難想像隨著 x 值的增加，y 值會有什麼樣的變化。

很方便就能讓抽象的函數性質變得容易理解的表現工具就是「座標」。若在 x 軸與 y 軸的座標平面上，畫出函數的圖形，x 與 y 的對應關係就能一目了然。

使用座標 將函數（數學式）以圖形來表示（或是以數學式來表示圖形），以數學式來解圖形問題（或是相反）的學問稱為「解析幾何」（也稱座標幾何）。據說，笛卡兒和費馬（Pierre de Fermat，1601 ～ 1665）是創始人。

y 是 x 的函數通常會寫作「$y = f(x)$」（等號右邊讀作 f of x）。$f(x)$ 的 f 是取自 fraction 的第 1 個字母。此時的 $f(x)$ 代表全部的 x 函數，所以具體的 x 是「x」也好，是「$y = x^5 + 4x^2 - 90$」或「x^{100}」都可以。另外，當 $x = 1$ 時，y 值會寫作 $y = f(1)$。

函數的意象

$$x \longrightarrow \quad \text{函數} \quad y = f(x) \quad \longrightarrow y$$

具體的函數範例

$$x = 1 \longrightarrow \quad y = 3x + 2 \quad \longrightarrow y = 5$$
$$x = 2 \longrightarrow \qquad\qquad\qquad \longrightarrow y = 8$$

$$x = 1 \longrightarrow \quad y = x^{100} \quad \longrightarrow y = 1$$
$$x = 2 \longrightarrow \qquad\qquad\qquad \longrightarrow y = 1.267 \cdots \times 10^{30}$$

$$x = 1 \longrightarrow \quad y = 3^x - 2x^2 \quad \longrightarrow y = 1$$
$$x = 2 \longrightarrow \qquad\qquad\qquad\quad \longrightarrow y = 1$$

急速變大（變小）的指數函數

數 量持續倍增的現象在自然界也經常可見，細胞分裂，細胞數量一直增加的現象就是其中一個例子。假設一個細胞在 1 分鐘之內分裂成二個。那麼分裂的這二個細胞在 1 分鐘之後又分別分裂為二。這樣的情況一直持續下去，細胞的個數在經過數小時之後，急速增加到令人無法想像的數目。

像這種成倍增加的關係，以數學式來表示的話，可以寫成「$y = 2^x$」。此時，y 表示「細胞個數」，x 表示「經過時間（分）」。若使用該數學式，在 x 的地方代入想要的時間（分），很容易就能知道該時間的細胞個數 y。像這樣的數學式稱為「指數函數」（exponential function）※。

若指數函數被反覆相乘的數（底）是在 1 以下的情況時，數值會急速減少。以潛水為例，當我們在海中愈潛愈深時，周圍會變得愈來愈暗。這是因為海水以及水中所含的雜質吸收了射入海水中的光線，水深愈深，水面的光愈不容易到達之故。這種水深與亮度的關係也可用指數函數來表示。

※：正確來說，是在 $a > 0$，$a \neq 1$ 時，可用 $y = a^x$ 來表示的函數稱為指數函數。

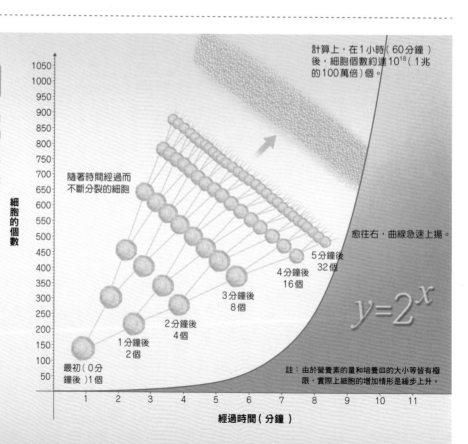

隨著時間推移而急速增加的細胞數量

插圖所繪為細胞隨著時間推移而持續成倍分裂的情形，以及表示細胞個數（y 軸）與經過時間（x 軸）之關係的指數函數圖形。由圖可知，隨著時間的推移，細胞的數量急速增加。

計算上，在 1 小時（60 分鐘）後，細胞個數約達 10^{18}（1 兆的 100 萬倍）個。

隨著時間經過而不斷分裂的細胞

愈往右，曲線急速上揚。

$y = 2^x$

5 分鐘後 32 個
4 分鐘後 16 個
3 分鐘後 8 個
2 分鐘後 4 個
1 分鐘後 2 個
最初（0 分鐘後）1 個

細胞的個數

經過時間（分鐘）

註：由於營養素的量和培養皿的大小等皆有極限，實際上細胞的增加情形是緩步上升。

指數函數

插圖所繪為潛水之際，假設水深每增加 1 公尺，亮度變得僅為原來的
10 分之 9 倍（變暗 1 成）時，表示亮度（y 軸）與水深（x 軸）之關係
的指數函數圖形。由圖形可知，潛得愈深，亮度值會急速變小（變暗）。

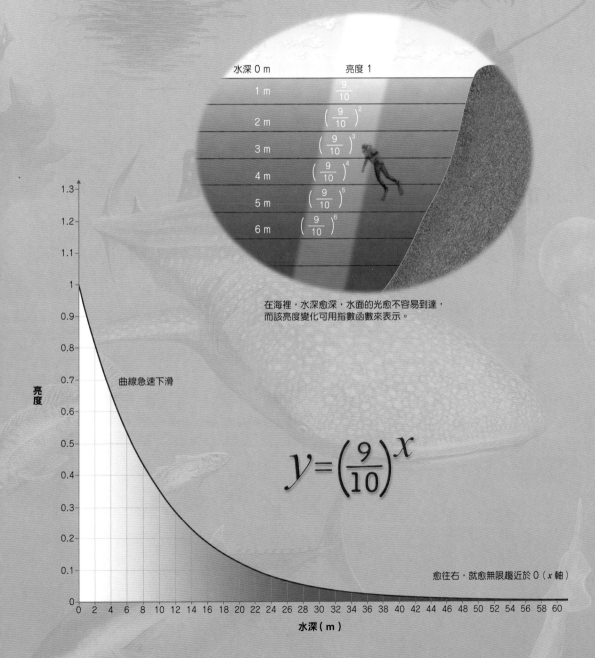

水深 0 m   亮度 1

1 m $\frac{9}{10}$

2 m $\left(\frac{9}{10}\right)^2$

3 m $\left(\frac{9}{10}\right)^3$

4 m $\left(\frac{9}{10}\right)^4$

5 m $\left(\frac{9}{10}\right)^5$

6 m $\left(\frac{9}{10}\right)^6$

在海裡，水深愈深，水面的光愈不容易到達，
而該亮度變化可用指數函數來表示。

亮度

曲線急速下滑

$$y=\left(\frac{9}{10}\right)^x$$

愈往右，就愈無限趨近於 0（x 軸）

水深（m）

方程式就像數學謎題一般

所謂方程式，好比是「數學的謎題」。就像好的謎題會有「答案」一樣，好的方程式都會有「解」。

以「某未知數加 3 等於 5。該未知數是多少？」為例，我們若把題目所敘述的情況寫成數學式即為「方程式」。這題可以寫成

$$? + 3 = 5$$

此時，以「＝」為分隔，＝的左側稱為「左邊」，右側稱為「右邊」。只要左邊和右邊有等號連結，兩邊就一定會相等。若比喻為天秤的話，就是兩邊剛好達到平衡的狀態。

通常，相當於「？」的部分多以「x」等字母來表示。以上面的式子來說，就會變成

$$x + 3 = 5$$

要解這個方程式的根，只要將左邊和右邊同時減 3 就行。因為天秤的兩邊同時扣掉一樣重的東西仍然會保持平衡，所以不會出問題。這個作法乍看之下很像將左邊＋3 的符號替換並移到右邊去。這樣的操作稱為「移項」。寫成式子即為

$$x = 5 - 3$$
$$= 2$$

這個問題的解答是 $x = 2$。

這個方程式，以下列方式也能解答。「試著將 2 代入 x，2＋3 ＝5。因此解為 $x = 2$」。不過，利用移項法解出來的第一個答案，和以代入法得到的第二個答案之間卻有著天壤之別。

利用移項法解出來的第一個答案，所根據的理論是「若 $x + 3$ ＝5 為真，則 $x = 2$」。而以代入法得到的第二個答案則是基於「$x = 2$ 的話，2＋3＝5 就會成立」的理論。亦即，利用移項法求解的推論是：若「$x + 3 =$ 5」為真，那麼毫無疑問 $x = 2$。

然而以代入法求解時，若「x

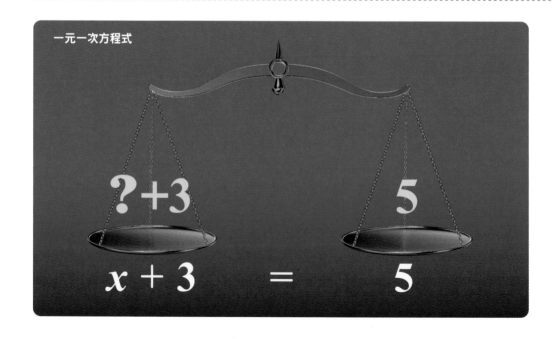

一元一次方程式

$?+3$ ＝ 5

$x + 3$ ＝ 5

＝2」，的確「$x + 3 = 5$」會成立，但有可能當 x 為 2 以外的數字時，「$x + 3 = 5$」也成立，不能排除這種可能性。在求解下列一元二次方程式時，兩者的差異會更明顯。

一元二次方程式的解題方法

「邊長為 x 的正方形，加上 2 個長為 x、寬為 1 的長方形後，其總面積剛好為 35。請問 x 是多少？」一起來想看看這道謎題吧！將題目寫成數學式時，就會是下面這樣的一元二次方程式。

$$x^2 + 2x = 35$$

另外，一元二次方程式透過移項和同類項合併，可改寫成下列形式。

$$ax^2 + bx + c = 0 \ (a \neq 0)$$

要將上述式子轉變成這種形式，只要兩邊同時減去 35 即可。於是得到

$$x^2 + 2x - 35 = 0$$

為解出這個問題，要將左邊做因式分解（以乘法的形式表示），

$$(x + 7)(x - 5) = 0$$

得到解答為 － 7 和 5。但是，因為正方形的邊長不能為負數，所以正解是正方形的邊長為 5。

提醒大家這裡運用到了 0 的特性：若二數相乘等於 0，則二數其中之一為 0。所以根據這個特性，可以肯定若 x 不為 5 也不為 － 7，則 $x^2 + 2x - 35 = 0$ 不會成立。若想要用代入法求這個方程式的根，先嘗試將 x 代入 － 7，就會得到

$$(-7)^2 + 2(-7) - 35$$

$$= 49 - 14 - 35 = 0$$

所以等號成立。因此把「$x = -7$」當作解答，不過一來正方形的邊長不能為 － 7，二來就目前的推論看不出來有沒有其他解答，於是就束手無策了。

有些式子無法像上述式子般順利做因式分解，例如，

$$2x^2 + 5x - 3 = 0$$

遇到這種情況，要使用「一元二次方程式的公式解」。

$$x = \frac{-b \pm \sqrt{b^2 - 4ac}}{2a}$$

運用這個公式解，在此代入 $a = 2$、$b = 5$、$c = -3$，會得到

$$x = -3 \text{、} \frac{1}{2}$$

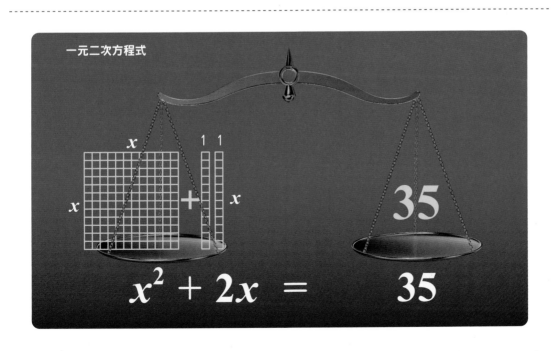

一元二次方程式

$x^2 + 2x = 35$

「座標」結合了圖形和數學式

所謂「座標」，是表示某地點「縱向」和「橫向」與原點的距離，和地圖的「緯度」、「經度」是同樣的意思。座標是由17世紀法國的數學家笛卡兒和費馬所發明的。

數學上經常將原點出發的橫軸稱為「x軸」，原點出發的縱軸稱為「y軸」，並將x和y的值配對來標示座標。例如原點的座標，因為x和y都是零，所以可寫作$(x,y)=(0,0)$。

當使用座標的時候，某直線可以寫作x和y的數學式。例如，有1條通過$(x,y)=(0,0)$、$(1,1)$、$(2,2)$……的直線，由於各點座標上的x值和y值皆相等，因此通過這些點的直線可以用「$y=x$」來表示（右圖的①）。同樣地，若是通過$(x,y)=(0,0)$、$(1,\frac{1}{3})$、$(2,\frac{2}{3})$、$(3,1)$……的直線的話，就可以寫成「$y=\frac{1}{3}x$」（右圖的②）。

不僅直線，連曲線也能寫作x和y的數學式。例如，通過$(x,y)=(0,0)$、$(1,1)$、$(2,4)$、$(3,9)$……的曲線，寫作「$y=x^2$」（右圖的③）。然後，通過$(x,y)=(1,10)$、$(2,5)$、$(4,2.5)$、$(5,2)$……的曲線，就可以寫成「$y=\frac{10}{x}$」（右圖的④）。

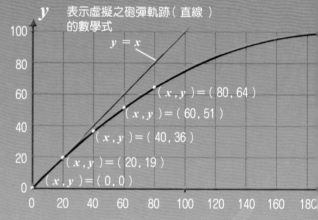

表示虛擬之砲彈軌跡（直線）的數學式

$y=x$

高度（公尺）

$(x,y)=(80,64)$
$(x,y)=(60,51)$
$(x,y)=(40,36)$
$(x,y)=(20,19)$
$(x,y)=(0,0)$

根據慣性定律，假設會持續筆直飛行之虛擬砲彈的軌跡

呈拋物線飛行之實際砲彈的軌跡

笛卡兒
（1596～1650）

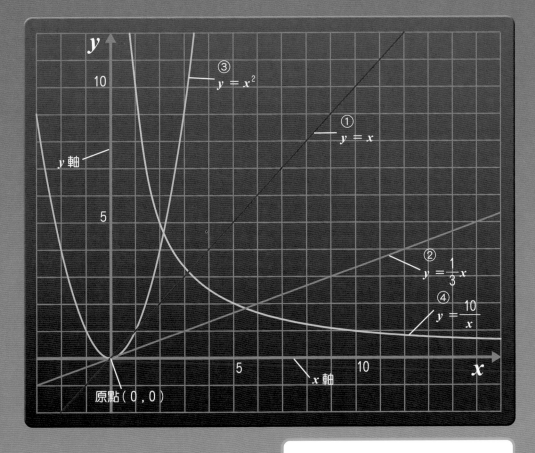

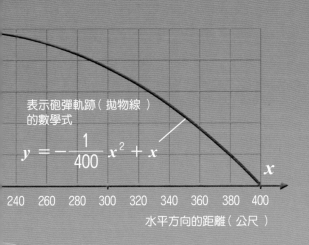

表示砲彈軌跡（拋物線）
的數學式

$$y = -\frac{1}{400}x^2 + x$$

| 240 | 260 | 280 | 300 | 320 | 340 | 360 | 380 | 400 |

水平方向的距離（公尺）

利用座標將砲彈軌跡轉換為數學式

假設砲彈發射的地點為原點，x 軸為發射後的水平飛行距離，y 軸為砲彈的飛行高度，距離與高度的單位為公尺。假設觀測發射之砲彈的飛行軌跡，砲彈經過 (x,y) ＝ $(0,0)$、$(20,19)$、$(40,36)$、$(60,51)$、$(80,64)$……各點。

砲彈飛行軌跡為「拋物線」，我們知道拋物線一般可用「$y = ax^2 + bx + c$」（a、b、c 為不變的常數）數學式來表示，因此將前面提到的 (x,y) 的值成對代入一般的拋物線數學式中，經過計算可以得到 $a = -\frac{1}{400}$、$b = 1$、$c = 0$ 的結果。換句話說 該砲彈的軌跡可以用「$y = -\frac{1}{400}x^2 + x$」的數學式來表示。

又，根據慣性定律，假設砲彈朝發射方向持續筆直飛行的話，其軌跡如插圖所示，可表示為「$y = x$」。

「無限地趨近於 0」的數學

要怎麼樣才能求出圓面積呢？假設在圓內放入正方形的紙，剩下的空間再放入更小的正方形紙，如此下去。則正方形的大小會無限地趨近於「零」，重複同樣的操作就會求出面積。

使用這種「無限地趨近於零」的手法，求出被曲線包圍的面積或切線（跟曲線僅有一個交點的直線），或是圖形中的最大值和最小值的數學就是「微積分」（calculus）。

微積分的應用範圍非常廣泛，微積分的創始者牛頓將微積分應用於力學（解釋物體運動的物理學）。而且現代物理學的各領域也都把微積分當作武器充分發揮其威力。

甚且，我們說「微積分在背後支撐著現代社會」其實也不為過。例如建築物的設計，若不事先計算好承載荷重和強度，就無法保證安全性，而其計算理論便使用到了微積分。經濟方面也不例外，要分析現代複雜的經濟系統，包括微積分在內的數學方法是不可或缺的。

專欄 COLUMN 微積分的創始者之爭

提到微積分的創始者，除了牛頓之外，還有一個人的名字不可不提，這人就是德國的數學家萊布尼茲。他跟牛頓差不多在同一時期分別發展出微積分的概念。就時間而論，牛頓的微積分研究稍微領先一步（在 1665 年左右想出微積分概念）。然而因為牛頓是個崇尚祕密主義的

萊布尼茲
（1646～1716）

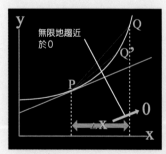

微分（求曲線之切線的方法）

求 P 點切線的方法如下。在 P 點附近找一個 x 軸座標僅與 P 點相差 △x 的一點 Q，首先連接 P、Q 可得一割線 PQ。當 Q 點沿著曲線盡可能朝 P 點趨近（Q'），亦即若 △x 無限地趨近於 0 的話，則 PQ 就成了通過 P 點的切線。

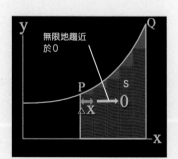

積分（求曲線所圍面積的方法）

求左邊綠色區域之面積的方法如下。設以寬度為 △x 的紙條（紅色）如左圖般將 P 與 Q 之間的空白填滿，而將所有紙條相加所得的面積為 S。若 △x 盡量趨近於 0 的話，則 S 就無限地接近所求的面積（綠色）。

微
積
分

彈道學

在思考該以多快的初速度及
角度發射大砲砲彈，才能射
中目標場所時，微積分是非
常有幫助的。

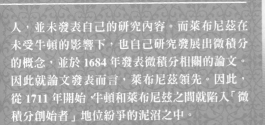

人，並未發表自己的研究內容。而萊布尼茲在
未受牛頓的影響下，也自己研究發展出微積分
的概念，並於 1684 年發表微積分相關的論文。
因此就論文發表而言，萊布尼茲領先。因此，
從 1711 年開始，牛頓和萊布尼茲之間就陷入「微
積分創始者」地位紛爭的泥沼之中。

牛頓
（1642～1727）

支撐現代社會的微積分

微積分被應用在現代物理學、建築學、經濟學
等非常廣泛的領域。若說「沒有微積分，就沒
有現代社會」應該也不為過。

建築學

在計算施加於建築物的荷重及強度的
理論中，微積分是非常重要的手法。
以吊橋為例，塔架支撐所有的荷重，
為了確保安全性，設計時必須要求超
高的精密度。

經濟學

經濟學理論也隨處可看到使用微積分
的地方。想要分析現代複雜的經濟體
系，微積分是不可或缺的工具。插圖
所繪為證券交易所意象圖。

誕生於利息計算之超越數的無理數「e」

指數函數是和微積分相關的重要函數之一。當 $y = 10^x$ 時，稱為以 10 為底的指數函數。

底數也可以是 10 以外的數字，其中比較重要的是以歐拉數「e」為底的指數函數 $y = e^x$（圖1）。將 e^x 微分或積分都會變成 e^x，是唯一不論微分、積分幾次都不會改變數值的函數。

e 是無限小數的無理數，等於 2.71828182845904……。無理數包括「代數的無理數」如 $\sqrt{2}$，以及非代數的無理數，稱為「超越數的無理數」，而 e 和圓周率 π 同為超越數的無理數，也簡稱為「超越數」（transcendental number）。

據傳第一個發現 e 的人是瑞士科學家暨數學家白努利（1654～1705）。他為了計算存款的利息，列出了以下關係式求解。

$$\lim_{n \to \infty} \left(1 + \frac{1}{n} \right)^n$$

他假設本金為 1，年利率為 1，計息期間（規定的計付利息期間）為 $\frac{1}{n}$ 年時，想要計算出 1 年的存款能夠獲得多少複利。當 n 愈來愈大時，就會顯示出 1 年後的存款額數值。但是，由於這個值難以用簡單的數值表示，所以後來便以一個常數符號來代表。那就是 e。亦即定義為：

$$e = \lim_{n \to \infty} \left(1 + \frac{1}{n} \right)^n$$

「歐拉數」名稱的由來

「歐拉數」（又稱納皮爾常數）這個名稱源自納皮爾。他是蘇格蘭的一名城主，工作之外也投入數學的研究。

納皮爾生活於 1600 年左右的大航海時代，當時的歐洲人盛行航海至非洲、亞洲、美洲大陸。為了在茫茫大海中掌握自己搭乘的船的所在位置，利用了天文學的方法來定位，但當時曆法的精準度很低，所以船隻經常遇難。

因此，納皮爾計劃製作「對數表」。他花了約 20 年的歲月在製作對數表，直至去世前 3 年的 1614 年才完成。

但是，納皮爾發明的對數和我們現在所使用的對數有非常大的差異。當今的對數是歐拉（1707～1783）所發明的，代表某數 x 的幾次方會等於 a 的數。$a = x^b$ 時，稱為「a 以 x 為底的對數為 b」，寫作 $b = \log_x a$。例如 $100000 = 10^5$，所以 $\log_{10} 100000 = \log_{10} 10^5 = 5$。意思是指數函數與對數函數互為反函數的關係。

以 10 為底的對數稱為「常用對數」，以 e 為底的對數稱為「自然對數」（natural logarithm）。自然對數 $\log_e x$ 的底數 e 通常會省略，並改寫成 $\ln x$。

發現自然對數的人也是歐拉，在納皮爾完成對數表後約 130 年，他從那份對數表中發現 $y = \frac{1}{x}$ 的積分並從中定義出自然對數 $\ln x$ 的底為 e。換句話說，

$$\ln x = \int_1^x \frac{1}{t} dt \,（但，x > 0）$$

於是，這個 e 便取自對數的發明人納皮爾的名字，成為現在所稱的納皮爾常數。

將 $y = \frac{1}{x}$ 的圖形以 $1 \le x \le e$ 積分，會得到

$$\int_1^e \frac{1}{x} dx = \ln e = 1$$

因此，也可以說 $y = \frac{1}{x}$ 的圖形以 $1 \le x \le e$ 積分，當面積為 1 時，其值為 e（圖2、3）。

圖1：指數函數 e^x 的圖形

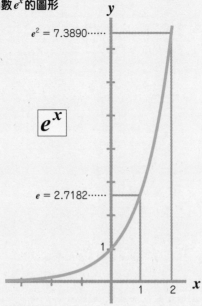

$e^2 = 7.3890\cdots\cdots$

$e = 2.7182\cdots\cdots$

e^x

圖2

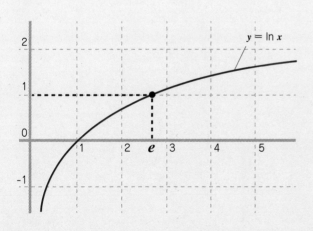

$y = \ln x$

圖3

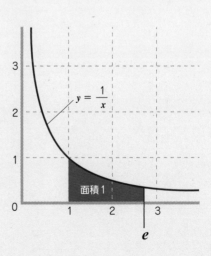

$y = \dfrac{1}{x}$

面積1

e

表示直角三角形角度與邊長之關係的函數

何謂 sin ？

三角函數有 3 種，分別是「sin」、「cos」以及「tan」。sin 的英文為 sine，中文稱做「正弦函數」。

sin 並沒有一個固定數值，必須先給定「某個角度」之後，才能算出這個角度的 sin 值是多少。像這種要先給定數值，才能輸出另一個數值的關係，在數學上稱做「函數」（function）。

以左下方的直角三角形為例，

角度 θ 的 sin 值寫作 $\sin\theta$，定義為「直角三角形的高除以斜邊長之比值」。如果斜邊長為 1，那麼高就是 $\sin\theta$。或者說，斜邊長乘上 $\sin\theta$ 後就會得到高。

實際量量看「30°的 sin 值」是多少吧！如圖所示，畫出一個半徑為 10 公分的圓弧，然後拿圓規從圓弧最右端（旋轉的起始點 A）開始，逆時鐘旋轉 30°。然後用直尺測量此時鉛筆尖所在的 B 點高度（紅色粗線），應可得到 5 公分。這段長度除以半徑可得到

「0.5」，也就是 30°的 sin 值。數學上會寫成「$\sin 30° = 0.5 (=\frac{1}{2})$」。

用直角三角形定義的三角函數（三角比）僅適用於 0° 至 90°。不過，用圓規畫圓時，角度可以是任意大小。像這種以旋轉（單位圓）來重新定義的也是三角函數。

何謂 cos ？

第二個三角函數是「cos」。cos 的英文為 cosine，中文稱做「餘弦函數」。與 sin 相同，給定某個角度時，可以計算出對應的

---

sin 是什麼？

假設直角三角形中，一個非直角的角為 θ，那麼 $\sin\theta$ 便會等於〔高〕÷〔斜邊長〕（如下圖）。

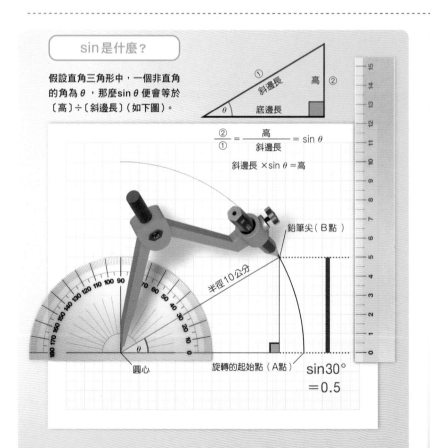

$$\frac{②}{①} = \frac{高}{斜邊長} = \sin\theta$$

$$斜邊長 \times \sin\theta = 高$$

① 斜邊長　② 高　底邊長

鉛筆尖（B點）

半徑 10 公分

圓心　旋轉的起始點（A點）

$\sin 30° = 0.5$

---

cos 是什麼？

假設直角三角形中，一個非直角的角為 θ，那麼 $\cos\theta$ 便會等於〔底邊長〕÷〔斜邊長〕（如下圖）。

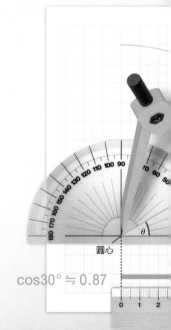

圓心

$\cos 30° \fallingdotseq 0.87$

cos值。

如中央下方的圖所示，當直角三角形的一個角為θ時，該角的cos值寫作cosθ，定義為「直角三角形的底邊長除以斜邊長之比值」。如果斜邊長為1時，那麼底邊長便等於cosθ。或者說，斜邊長乘上cosθ就會得到底邊長。

與sin值的計算類似，讓我們試著量量看「30°對應的cos值」是多少吧！如圖所示，畫出一個半徑為10公分的圓弧，然後拿圓規從圓弧最右端（旋轉的起始點A）開始，逆時鐘旋轉30°。然後用直尺測量此時鉛筆尖所在的B點，與圓心間的橫向長度（綠色粗線），應可得到8.7公分。這段長度除以半徑可得到「0.87」，也就是30°的cos值（cos 30° = $\frac{\sqrt{3}}{2}$ ≒0.87）。

跟sin一樣，不用直角三角形，而是用旋轉（單位圓）來思考的話，不管θ的角度是多少，都可以定義cosθ。

何謂 tan？

第三個三角函數是「tan」。tan的英文是tangent（切線的意思），中文稱做「正切函數」。與sin、cos相同，給定某個角度時，可以計算出對應的tan值。

如下圖，當直角三角形的一個角為θ時，該角的tan值寫作tanθ，定義為「直角三角形的高除以底邊長之比值」。如果底邊長為1時，那麼高便等於tanθ。

讓我們試著量量看「30°對應的tan值」是多少吧！測量方式與sin及cos略有不同。

以圓規畫出一個半徑為10公分的圓弧，然後拿圓規從圓弧最右端（旋轉的起始點A）開始，逆時鐘旋轉30°，於此點做記號，再作直線連接圓心與該記號，並一直延伸到圓弧起始點的正上方，設這個點終點為B，然後測量A點與B點的距離，應可得5.8公分。這段長度除以半徑可得到「0.58」，也就是30°的tan值（tan 30° = $\frac{1}{\sqrt{3}}$ ≒0.58）。

跟sin、cos一樣，不用直角三角形，而是用旋轉（單位圓）來思考的話，不管θ的角度是多少，都可以定義tanθ。不過，若是B點在圓心的正上方或正下方的角度（例如：90°）時，tanθ就無法定義。

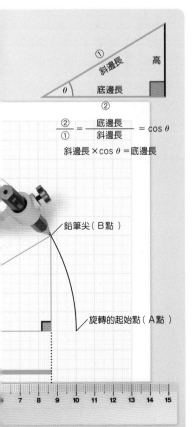

$$\frac{②}{①} = \frac{底邊長}{斜邊長} = \cos \theta$$

斜邊長×cosθ＝底邊長

鉛筆尖（B點）

旋轉的起始點（A點）

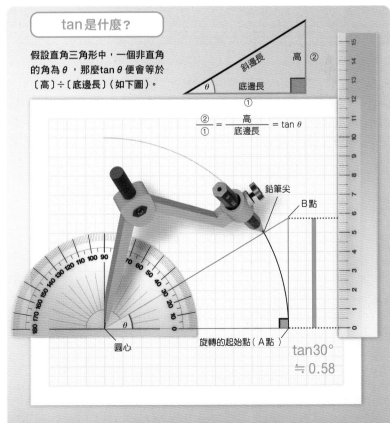

tan 是什麼？

假設直角三角形中，一個非直角的角為θ，那麼tanθ便會等於〔高〕÷〔底邊長〕（如下圖）。

$$\frac{②}{①} = \frac{高}{底邊長} = \tan \theta$$

鉛筆尖

B點

圓心

旋轉的起始點（A點）

tan30°
≒0.58

三角函數是分析「波」的必要工具

若觀察旋轉圓規時的鉛筆尖，就能得知與旋轉角度相對應的三角函數值。那麼，當角度逐漸增加時，sin 值會有什麼樣的變化呢？

0°時的 sin 值（sin 0°）為 0。sin $30° = \dfrac{1}{2} = 0.5$，sin $60° = \dfrac{\sqrt{3}}{2} ≒ 0.87$。由此可知，隨著角度增加，sin 值也會越來越大，90°的 sin 值為 1。超過 90°後，sin 值會越來越小，180°的 sin 值為 0。

過了 180°繼續旋轉，點（圓規的筆尖）會來到圓心下方（x 軸下方），故 sin 值會變成負數。270°的 sin 值為 -1，360°（1周）的 sin 值會變回 0。

若以橫軸為角度，將 sin 的值畫成圖形，可以得到「波」的形狀。同樣 cos 的值畫成的圖形也呈現波浪狀。旋轉與波乍看之下沒有關聯，三角函數卻能將兩者連結在一起。

舉例來說，彈簧和單擺的振動、聲波與光波也都潛藏著三角函數。若要分析這些波，三角函數是不可或缺的工具。

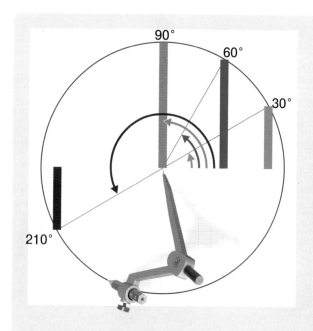

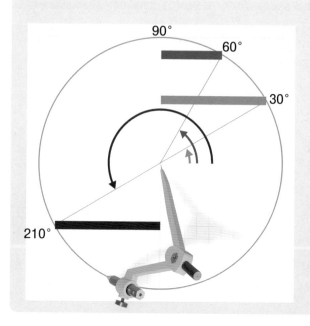

由旋轉產生的 sin 波與 cos 波

上半部為單位圓上以逆時鐘方向旋轉之動點的縱向位置（sin）變化，下半部則是動點的橫向位置（cos）變化。兩者畫成圖形後，呈現出了相同形狀的波。

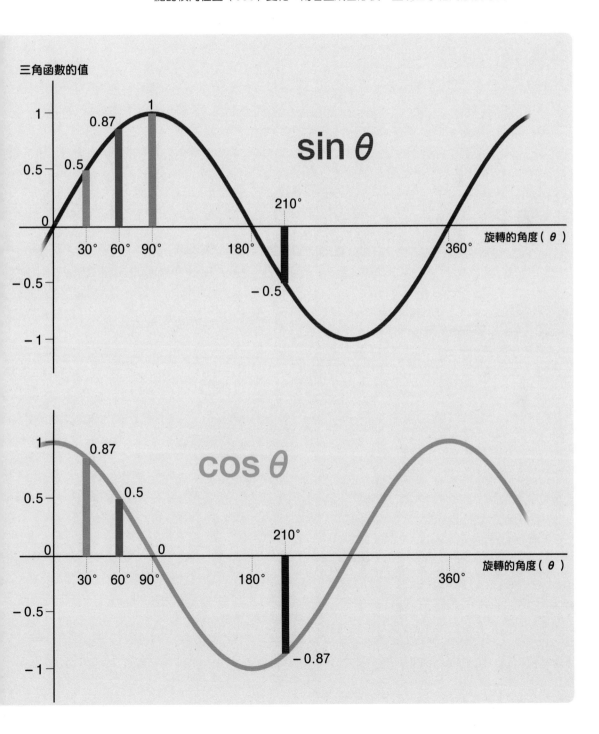

支持聲音辨識的傅立葉分析

聽到人類說話的聲音並且能夠理解其內容的「智慧音箱」（人工智慧語音助理）愈來愈普及。而支撐該語音辨識的，是使用三角函數的數學手法。

將許多不同振幅及波長的單純波（sin 波）加起來，便可合成出任何複雜的波形（右頁上圖）。事實上，眾所皆知的，無論多麼複雜的波形都是由單純的 sin 波合成出來的。相對的，分析複雜的波形是由什麼樣的 sin 波所合成的，這樣的分析調查的手法就是「傅立葉分析」（Fourier analysis）。

若使用該手法，就算是人聲這樣的複雜波都能分解成許多種單純的 sin 波，而且能調查出所含各種單純 sin 波的強度是多少。亦即，可分析聲音的「分量」。藉由分析該聲音「分量」的數據，智慧語音助理就能辨識人聲。

傅立葉分析的應用並非只限於人工智慧語音助理。電視廣播、網路動畫的影像都是利用數位資料的傳送來完成。而這些資料的壓縮技術也都應用到傅立葉分析。

我們平常用的手機、電腦、電視等能顯示出數位影像的裝置，都會用到傅立葉分析。

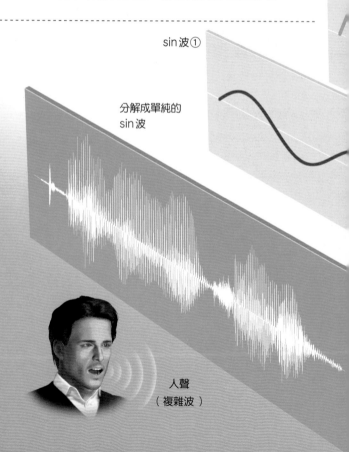

sin 波①

分解成單純的 sin 波

傅立葉分析是「聲音的三稜鏡」

右圖為傅立葉分析的基本機制。三稜鏡可以將陽光分解成各種顏色的光，同樣的，傅立葉分析可以將聲音等複雜波分解成許多單純 sin 波，使我們知道這個複雜波有哪些分量。智慧音箱也是用這種方式分析聲音訊號，辨認人聲。

人聲
（複雜波）

波與波遭遇時，波峰與波峰重疊，波峰變高；波峰與波谷重疊會抵消。當波峰與振幅相異的 3 種單純的 sin 波（藍色虛線）重疊，會形成更複雜的波（紅色線）。

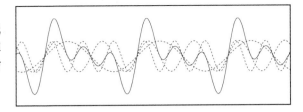

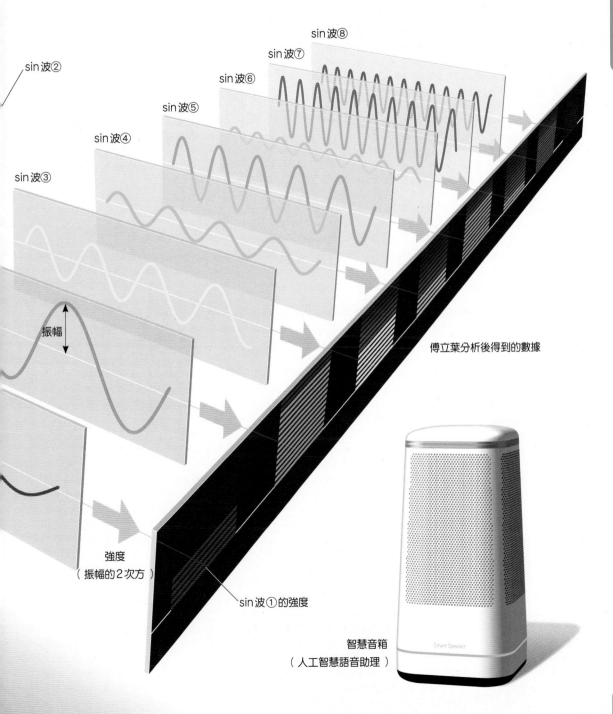

sin 波②

sin 波③

sin 波④

sin 波⑤

sin 波⑥

sin 波⑦

sin 波⑧

振幅

強度
（振幅的2次方）

sin 波①的強度

傅立葉分析後得到的數據

智慧音箱
（人工智慧語音助理）

Smart Speaker

世上最美的歐拉恆等式

有個大多數的科學家和數學家都讚為「世上最美麗的式子」的數學公式,該公式就是被稱為「歐拉恆等式」的「$e^{i\pi}+1=0$」。其中「e 是自然對數的底」、「i 是虛數單位」、「π 是圓周率」,它們是「出身」各不相同的數。

e 是當包含在「$(1+\frac{1}{n})^n$」此式中的 n 為無限大時的數(收斂值)。e 為 2.718281……,是小數點以下不循環且無限延伸的無理數。這個 e 是從計算銀行存款中誕生的數。

另一方面,i 是為了求方程式的解而誕生的數,是平方等於－1 的數。由於平方之後為負的數不是普通的數(實數)所以稱為「虛數」。i 是最單純的虛數,被當成虛數的單位,因此也被稱為「虛數單位」(imaginary unit)。

π 是從圓誕生的數,是圓周長除以圓直徑所得到的值。π 為 3.141592……,是小數點以下不循環且無限延伸的「無理數」。

像這樣,儘管 e、i、π 的出身各不相同,然而藉由將 e 與 i 與 π 整理成 $e^{i\pi}$ 的形式,然後加上 1,最後得到的答案竟然等於 0。

歐拉恆等式脫胎自歐拉公式($e^{ix}=\cos x+i\sin x$)。歐拉公式是在物理學許多領域都必須用到的式子,乃闡明自然界各種機制所不可或缺的算式。

歐拉恆等式與歐拉公式

上面算式是被譽為「世上最美數學公式」的歐拉恆等式;下面則是被讚為「人類至寶」的歐拉公式。瑞士的天才數學家歐拉(Leonhard Euler,1707~1783)在1748年所出版的著作《無窮小分析引論》(Introductio in analysin infinitorum)中發表了歐拉公式。從歐拉公式很容易就能推導出歐拉恆等式。

歐拉恆等式
$$e^{i\pi}+1=0$$

歐拉公式
$$e^{ix}=\cos x+i\sin x$$

乍看來毫無關係 π、i、e

π 是從圓誕生的數、i 是為了求方程式的解而誕生的數、e 是從計算利率中誕生的數。乍看之下，這三個數並無任何關係。

歐拉
（1707～1783）

圓周率 π

圓周率 π 是將圓周長度除以圓直徑所得到的數值。

圓周率 π

$$\pi = 3.141592\cdots\cdots$$

自然對數的底 e

自然對數的底數 e 是當（$1+\frac{1}{n}$）^{n} 的 n 為無限大時的數。

自然對數的底 e

$$e = 2.718281\cdots\cdots$$

虛數單位 i

虛數單位的 i 是平方後等於 -1 的數。也可以表示為「$i = \sqrt{-1}$」。

虛數單位 i

$$i^2 = -1$$
$$i = \sqrt{-1}$$

4

圖形　基礎篇
Geometry – basic

認識點、線、角的關係

圖形的最基本要素就是「點」（point），所謂點就是「僅有位置，沒有大小的圖形」。此外，「線」是點的集合。

線也可分為筆直的線，稱為「直線」（line 或 straight line）。數學上所說的直線沒有終點，具有無限的長度。另一方面，直線上兩點間截取一段，這一段就稱為「線段」（line segment），而這兩個點稱為端點。至於只有一邊有端點的直線稱為「半直線（也稱射線）」（half-line）。

當 2 條直線位在同一平面時，2 條直線可以是「相交」或「不相交」。不相交的 2 條直線稱為「平行線」（在此將 2 直線完全重合暫且視為平行）。又，2 直線相交的點稱為「交點」（point of intersection）。

2 直線相交必定形成四個「角」。若以二線段共有端點的形式相交時，則會形成二個角。角不僅有尖銳的角，在其相反側還有寬廣的角。尖銳的角稱為「劣角（也稱凸角）」（in-ferior angle），其相反側較寬廣的角稱為「優角（也稱凹角）」（concave angle）。有「劣角＋優角＝360 度」的關係。

另外，在像是直線與半直線的端點相接的情形下，較為尖銳的角稱為「銳角」（數學上指角度小於 90 度的角），較開的角稱為「鈍角」（數學上指角度大於 90 度小於 180 度的角）。因為成「銳角＋鈍角＝180 度」的關係，所以銳角與鈍角互為「補角」。又，角為 90 度時稱為「直角」。

線的種類

直線是筆直的線，沒有終點。線段是兩端有端點的直線，半直線則是只有一端有端點的直線。

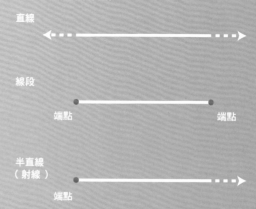

直線

線段

端點　　　　　　　　　　　端點

半直線
（射線）

端點

二直線的關係

二條直線的關係只有「相交」或「不相交」。2 直線相交的點稱為「交點」，不相交的 2 直線稱為「平行線」（parallel line）。

相交

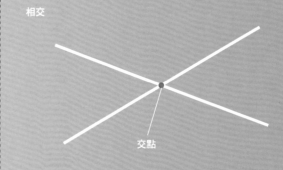

交點

不相交（平行線）

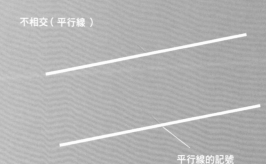

平行線的記號

直線相交，則……
形成四個角

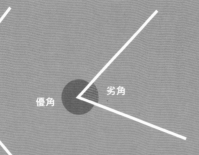

半直線的端點相交，則……
形成二個角，較尖銳的角稱為「劣角」，
較寬廣的角稱為「優角」。

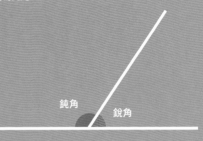

銳角與鈍角
像圖般的場合，尖銳的角稱為銳角，較不尖銳的角
稱為鈍角。

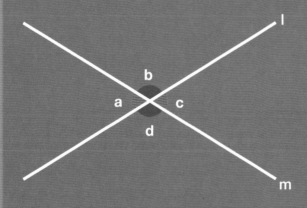

對頂角
相交的兩條直線可形成四個角，在這四個角中不相鄰的兩個角稱
為對頂角（vertical angle）。在下圖中，a 與 c、b 與 d 分別有
對頂角的關係。對頂角的角度相等。

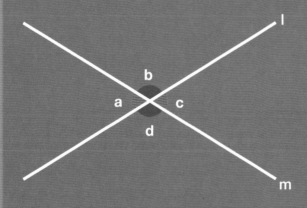

【 證明對頂角相等 】
∠a 與∠b 在直線 l 上有互為補角的關係，
　所以∠a = 180°−∠b
∠b 與∠c 在直線 m 上也有互為補角的關
係，所以
　∠c = 180°−∠b
因此，
　∠a =∠c 成立
同理可證
　∠b =∠d 也成立。
因此，對頂角相等。

3 直線相交時，角彼此間的關係
2 直線與 1 直線相交時，圖中 a 與 b、c 與 d、c 與 b 的位置關係分別稱為「同
位角」（corresponding angle）、「內錯角」（alternate interior angle）、「同
側內角」（interior angles on the same side）。若如右圖般，2 直線是平行
的情形時，同位角相等，內錯角也相等。此外，同側內角的和為 180 度。相
反地，若想證明 2 直線平行的話，只要滿足上述條件中的一個即可。

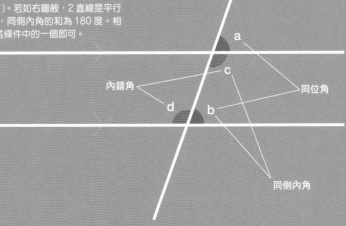

內錯角

同位角

同側內角

三角形是所有圖形的基礎

三角形可以說是所有圖形的基礎。不論是四邊形、五邊形，還是多邊形，都可以分割成多個三角形，無一例外。反過來說，將多個三角形組合起來時，就可以得到複雜的多邊形。故我們可利用這點，將許多三角形組合成特定的「多面體[※]」(polyhedron)，呈現出想看到的形狀，就像電腦遊戲或電腦動畫中看的那些圖形一樣。

三角形常用於建築結構。以三角形為基本結構的骨架稱做「桁架」(truss)，常可在鐵橋等建築物上看到。三角形的三邊邊長固定之後，三頂點的位置與角度就會自動固定下來，可保持形狀穩定。四邊形等其他多邊形則沒有這種性質（參考右頁插圖）。

另外，將三角形的三個內角（頂點內側的角度）相加後，必定會得到180°。這表示，只要知道其中二個角的角度，就能計算出另一個角是多少度。

※：除了三角形之外，也可以用四邊形組合成多面體。

三角形就是這麼重要！

以下介紹三角形的三個重要性質。因為三角形有這些性質，才能成為所有圖形的基礎。

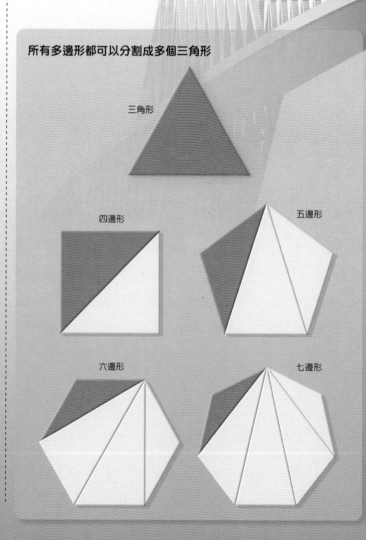

所有多邊形都可以分割成多個三角形

三角形

四邊形　　　　　　　五邊形

六邊形　　　　　　　七邊形

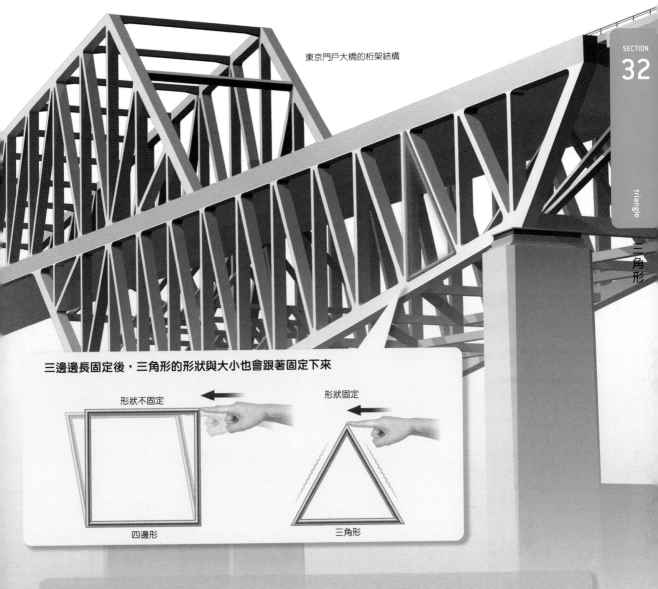

東京門戸大橋的桁架結構

三邊邊長固定後，三角形的形狀與大小也會跟著固定下來

形狀不固定

形狀固定

四邊形

三角形

三角形的內角總和，永遠是180°

內角總和（內角和）為180°

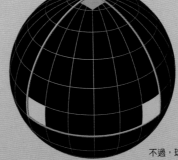

不過，球面上的三角形，
內角和大於180°

與直角三角形相關的重要定理

令 直角三角形的 3 邊長為 X、Y、Z（Z 為斜邊）。以 X 為邊長的正方形的面積（X^2）與以 Y 為邊長的正方形的面積（Y^2）相加，非常神奇地，必定會等於以斜邊 Z 為邊長的正方形的面積（Z^2）。換句話說，$X^2 + Y^2 = Z^2$ 成立，這就是畢氏定理（也稱「商高定理」）。另外，反之亦然，滿足 $X^2 + Y^2 = Z^2$ 的 X、Y、Z 也必為直角三角形的 3 邊長。

傳言古希臘的數學家畢達哥拉斯（Pythago-ras）看見鋪於神殿地板上的瓷磚因而發現這個定理（左下插圖為想像圖）。但不能肯定是畢達哥拉斯本人發現的，到底是誰發現、何時發現、如何發現的至今仍是個謎。

已知的畢氏定理證明方法實際上多達數百種，右頁上方所介紹者，僅為其中一種。

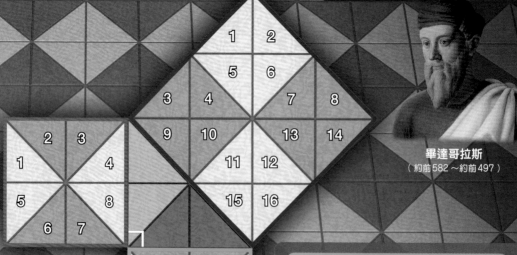

畢達哥拉斯
（約前 582 ～約前 497）

畢氏定理是因為瓷磚圖樣而發現的？

橙色和藍色所示的 2 個正方形面積相加，會等於深粉紅色所示的正方形面積。傳說「畢氏定理」是畢達哥拉斯看見鋪於神殿地板上的瓷磚而發現的。不過那座神殿現已不存在，故瓷磚的圖樣也不得而知。

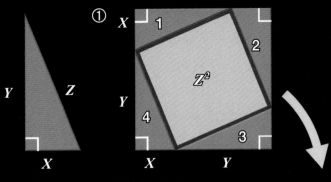

讓我們一起來證明畢氏定理吧！

製作 4 個以 X、Y、Z（Z 為斜邊）為 3 邊的直角三角形，將斜邊置於內側排列正方形，如圖①。於是，邊長為「$X + Y$」的正方形內側空間會形成另一個正方形，該正方形的邊長為 Z，因此面積為 Z^2。

接著，將三角形重新排列如圖②，同樣會形成邊長為「$X + Y$」的正方形，但先前的內側空間會變成二個正方形。這二個正方形的面積分別為 X^2 和 Y^2，故得證畢式定理「$X^2 + Y^2 = Z^2$」。

古希臘數學家歐幾里得（英譯 Euclid，西元前 3 世紀左右）的《幾何原本》中也使用了幾乎相同的證明方法。

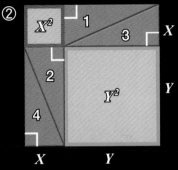

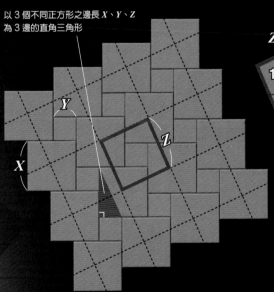

以 3 個不同正方形之邊長 X、Y、Z 為 3 邊的直角三角形

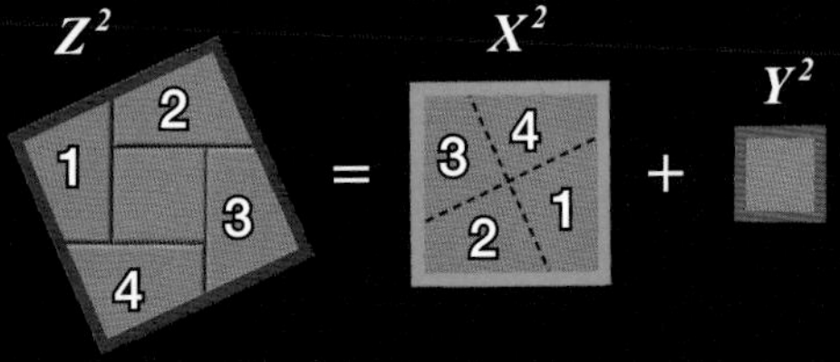

$$Z^2 = X^2 + Y^2$$

神奇的「畢達哥拉斯鋪磚」

幾何學的專業書籍《幾何數學史（上）》（A. 奧斯特曼 / G. 華納著）繪出了可能由畢達哥拉斯所見的地板想像圖，如左邊所示，由 2 種不同大小的正方形瓷磚所鋪成的圖樣。

連接各個較大正方形的中心點所形成的正方形（深粉紅色）的面積，會等於原本那 2 種正方形的（藍色與橙色）面積相加，如上圖。這種圖樣被稱為「畢達哥拉斯鋪磚」。

滿足畢氏定理的 正整數解有無限多組

滿足畢氏定理的 3 個正整數解稱為「畢氏三元數」（Pythagorean triple），「3、4、5」就是畢氏三元數。因為 $3^2 = 9$，$4^2 = 16$，$9 + 16 = 25 = 5^2$，所以滿足畢式定理。畢氏三元數還有很多，包括「5、12、13」、「7、24、25」等。以畢氏三元數為 3 邊長的三角形全都是直角三角形（如右圖）。

畢氏三元數有幾組呢？這裡以「平方數」來討論。平方數是指正整數平方後所得到的數。若將平方數依序排列，如 $1^2 = 1$、$2^2 = 4$、$3^2 = 9$、$4^2 = 16$、……，則相鄰的平方數的差為 $4 - 1 = 3$、$9 - 4 = 5$、$16 - 9 = 7$，是由小排到大的奇數數列。

因此，3 以上的奇數都可以用相鄰平方數的差（$Z^2 - Y^2$）來表示。而且，當奇數本身為平方數 X^2 時，$X^2 = Z^2 - Y^2$，亦即 $X^2 + Y^2 = Z^2$ 成立，所以「X、Y、Z」為畢氏三元數。同時為平方數和奇數的數有無限多個，所以畢氏三元數有無限多個。

畢氏三元數的三角形作圖

畢氏三元數為 3 邊長繪出的直角三角形的分布圖（比例尺各異）。畢氏三元數 X、Y、Z 由下面方框所示的計算式求出。在以橫軸為 X，縱軸為 Y 的座標上作圖時，會產生很有趣的現象。這些三角形剛好會位於拋物線的交點上。

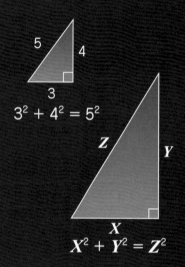

$$3^2 + 4^2 = 5^2$$

$$X^2 + Y^2 = Z^2$$

專欄 COLUMN　可產生無限多個畢氏三元數的數學式！

可使用 2 個正整數 m 與 n（$m > n$），如下面所示，藉由決定 X、Y、Z 來創造畢氏三元數。

$$X = m^2 - n^2，Y = 2mn，Z = m^2 + n^2$$

例如 $m = 2$，$n = 1$ 時，（X、Y、Z）為（3、4、5）。當 m 和 n 的最大公因數為 1（互質）時，X、Y、Z 便稱為「原始畢氏三元數」。像這樣的 m 與 n 的組合有無限多個，故原始畢氏三元數也有無限多個。

$m = 2$
$n = 1$

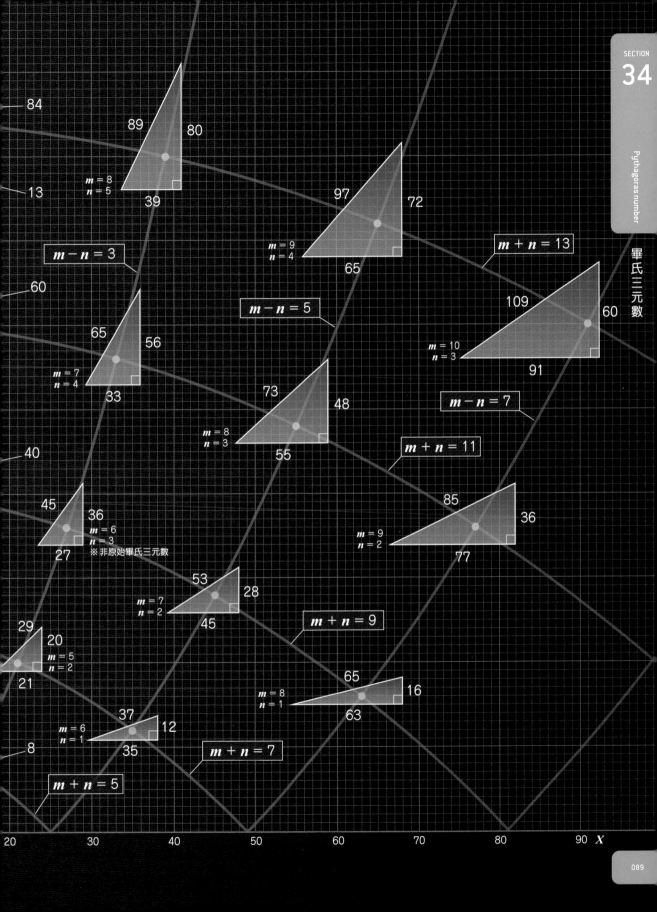

84

89   80

$m = 8$
$n = 5$

39

13

$m - n = 3$

97   72

$m = 9$
$n = 4$

65

$m + n = 13$

60

$m - n = 5$

109   60

60

65   56

$m = 10$
$n = 3$

91

$m = 7$
$n = 4$

33

73   48

$m - n = 7$

$m = 8$
$n = 3$

55

$m + n = 11$

40

45   36

$m = 6$
$n = 3$

85   36

27

※非原始畢氏三元數

$m = 9$
$n = 2$

77

53   28

$m + n = 9$

$m = 7$
$n = 2$

45

29

20

$m = 5$
$n = 2$

21

65   16

$m = 8$
$n = 1$

63

37   12

$m = 6$
$n = 1$

35

8

$m + n = 7$

$m + n = 5$

20   30   40   50   60   70   80   90 X

由四條直線圍成的圖形

四邊形是由四條直線所圍成的圖形,因為有四個邊,所以稱為「四邊形」;另外,因為有四個頂角,所以也稱四角形。

三角形的內角和為 180 度,而四邊形的內角和則恆為 360 度。畫 1 條連結四邊形之對角的線(對角線),即可明白四邊形是由二個三角形貼合而成的圖形。由此可知,四邊形的內角和為三角形之內角和的 2 倍,亦即 360 度。

再者,四邊形也跟三角形一樣,有特殊的四邊形,主要的代表有「正方形」、「長方形」、「菱形」、「平行四邊形」、「梯形」。

正方形是每一邊都相等,頂角均為直角,是最特別的四邊形。長方形則必須滿足所有頂角均為直角的條件,同時相對的邊(對邊)須等長。另一方面,菱形是所有邊的長度均相等,同時對邊平行,對角相等。

平行四邊形是 2 組對邊分別平行且等長的四邊形,而梯形則是有 1 組對邊平行的四邊形。又,兩對角線長度相等的梯形稱為「等腰梯形」。

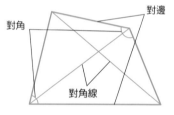

四邊形相對的角稱為「對角」,相對的邊稱為「對邊」,連接相對之兩頂點的線段稱為「對角線」。

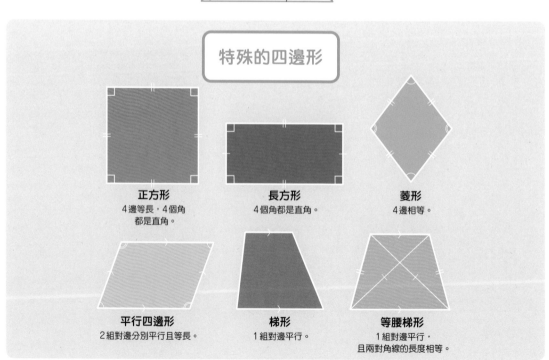

特殊的四邊形

正方形
4 邊等長,4 個角都是直角。

長方形
4 個角都是直角。

菱形
4 邊相等。

平行四邊形
2 組對邊分別平行且等長。

梯形
1 組對邊平行。

等腰梯形
1 組對邊平行,且兩對角線的長度相等。

凹四邊形

縱使像插圖所示般，四邊形有一個頂角凹陷也無所謂，其中有一個頂角會超過180度。像這樣的四邊形稱為「凹四邊形」。

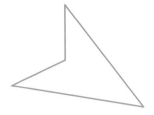

凹四邊形

滿足各種不同四邊形的條件

	正方形	長方形	菱形	平行四邊形	等腰梯形	梯形
所有的邊都相等	○	×	○	×	×	×
2組對邊分別相等	○	○	○	○	×	×
1組對邊分別相等	○	○	○	○	○	×
所有的角均相等	○	○	×	×	×	×
2組對角分別相等	○	○	○	○	×	×
2組對邊分別平行	○	○	○	○	×	×
1組對邊平行	○	○	○	○	○	○
對角線在中點相交	○	○	○	○	×	×
對角線的長度相等	○	○	×	×	○	×
對角線垂直相交	○	×	○	×	×	×

能夠說明兩三角形「全等」的條件為何？

形狀和大小皆相同的兩圖形稱為「全等」（congruence）。又，在幾何學上，相同圖形而有正反相反（左右相反）之關係者，也被視為全等。

那麼，兩個三角形在什麼情況下會全等呢？知道三角形的每一邊長和角度，當然是沒有問題，不過其實我們可以在更少的條件下，判斷兩個三角形是否全等。亦即，只要滿足以下三個條件之一，就能說兩個三角形全等。

①兩個三角形的三組邊對應相等。②兩個三角形的兩邊及它們的夾角（兩邊夾角）分別對應相等。③兩個三角形的兩角及它們的夾邊（兩角夾邊）分別對應相等。

那麼，如果這兩個三角形是直角三角形的話，全等條件又是如何呢？這時候，全等需要的條件就更少了。因為兩個三角形已經有了直角這個共同點。兩個直角三角形只要符合以下兩個條件之一，就是全等三角形。

①' 兩直角三角形的斜邊與直角外的另一角對應相等。②' 兩直角三角形的斜邊與任一邊分別對應相等。

三角形的全等條件

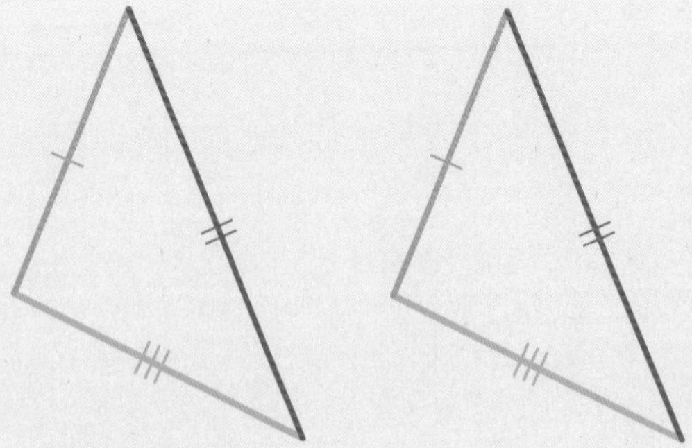

① 三邊邊長相等。

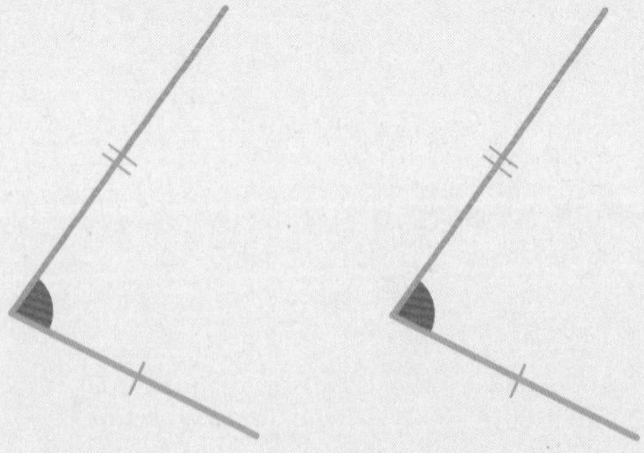

② 兩邊邊長相等，且這兩邊所形成的角（兩邊夾角）也相等。

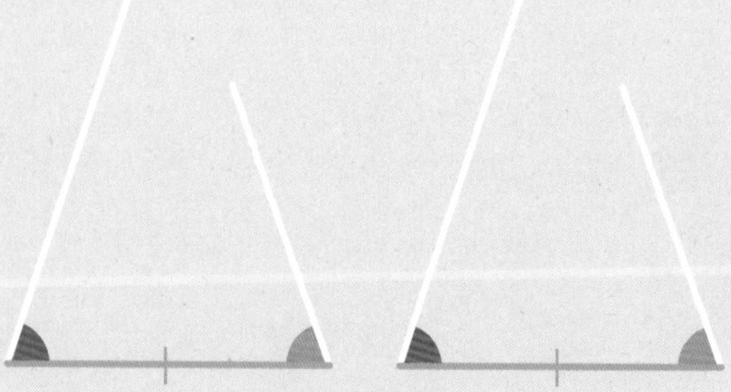

③ 兩角角度相等，且這兩個角中間夾的邊（兩角夾邊）也相等。

直角三角形的全等條件

①′斜邊與其中一角的角度相等。

②′斜邊與任一邊的邊長相等。

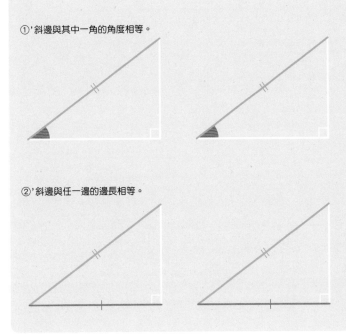

乍看之下，似乎不符合三角形的全等條件。不過，滿足①′的兩個三角形中，已有兩個對應角相等，第三個角的角度必為 180 度減去這兩個角，故兩個三角形的三個對應角皆相等。另外，兩個三角形的斜邊相等，且必為兩個相等對應角的夾邊，故能滿足三角形全等條件的兩角夾邊。

滿足②′的兩個直角三角形，可沿著非斜邊的對應邊背靠背、直角靠直角，合併成一個大三角形。因為原本兩個直角三角形的斜邊相等，所以合併後的大三角形會是等腰三角形。等腰三角形的兩底角相等，故可確定原先兩個直角三角形中，有一個對應角相等，滿足兩邊夾角的條件。

三角形的相似條件

　　兩個形狀相同，大小不同的圖形，這樣的關係稱做「相似」。相似三角形的形狀相同，故對應角的角度皆相同。另外，相似的兩個三角形中，一個三角形會是另一個三角形的放大版或縮小版，故三個對應長度的「比值」都相等。那麼，如何證明兩個三角形相似呢？只要滿足以下兩個條件之一就行了。

　　顯示三角形相似條件，只要滿足下面三者中的一個，就成立。

　①兩個三角形的三邊邊長比值相等。

　②兩個三角形的兩邊邊長比值相等，且這兩邊所形成的夾角相等。

　③兩個三角形的兩角角度相等。

　　古希臘哲學家泰利斯（Thales，約前 624～約前 547）曾用過三角形的相似性質，測量金字塔的高度、海上船隻的距離。

① 三邊邊長的比值相等。

② 兩邊邊長的比值相等，且這兩邊所形成的夾角相等。

$$A : A' = B : B' , \angle a = \angle a'$$

③ 兩角角度相等。

$$\angle a = \angle a' , \angle b = \angle b'$$

$$A : A' = B : B' = C : C'$$

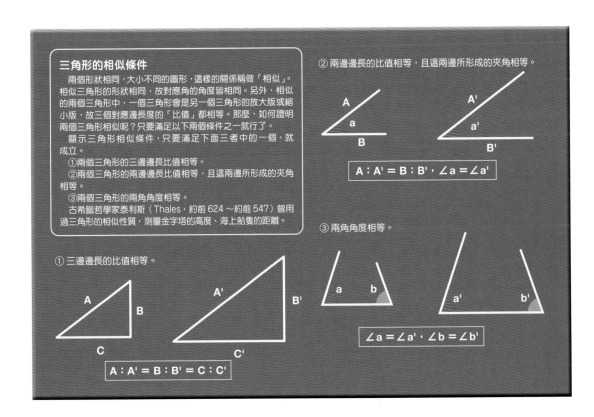

三角形與四邊形的面積

平面圖形之面的大小稱為「面積」。正方形面積的求法是「長×寬」（即邊長平方），而長方形跟正方形一樣，面積求法也是「長×寬」。

平行四邊形的面積可以藉由「底邊×高」來求出。其實，平行四邊形面積的求法跟求長方形面積是一樣的。為什麼呢？倘若從平行四邊形的一邊縱向畫一垂線，將平行四邊形分成二個圖形，然後將之左右對調相連，就可變成長方形了。

接下來看看三角形面積的求法。最基本的求法就是「底邊×高÷2」。為什麼必須除以2呢？將全等三角形的其中一方旋轉180度，二者連接在一起，就成了平行四邊形。所要求的三角形面積是平行四邊形的一半，因此除以2就行了。

菱形也是一種平行四邊形，因此其面積也能以「底邊×高」來求出。另外，「對角線×對角線÷2」也可求出菱形面積。梯形面積則可用「（上底＋下底）×高÷2」來求出。所謂「上底」和「下底」就是梯形平行的二個邊，位在上面的稱為上底，位在下面的則稱下底。

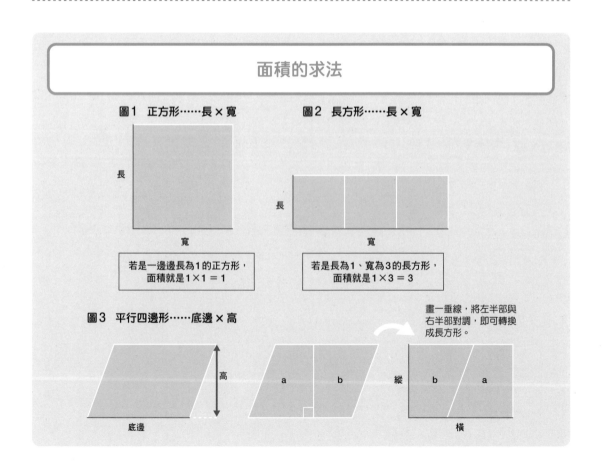

面積的求法

圖1　正方形……長×寬

長

寬

若是一邊邊長為1的正方形，
面積就是 $1 \times 1 = 1$

圖2　長方形……長×寬

長

寬

若是長為1、寬為3的長方形，
面積就是 $1 \times 3 = 3$

圖3　平行四邊形……底邊×高

高

底邊

a　b

畫一垂線，將左半部與
右半部對調，即可轉換
成長方形。

縱　b　a

橫

圖4 三角形……底邊 × 高 ÷ 2

將全等三角形的其中一方旋轉180度,然後貼合在一起,即為平行四邊形。所欲求的三角形是該平行四邊形的一半。

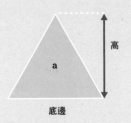 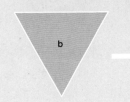 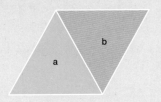

圖5 菱形……對角線 × 對角線 ÷ 2

畫一個能夠緊密放入菱形的長方形,形成八個全等三角形。菱形的對角線成為長方形的長與寬。

將三角形(粉紅色部分)旋轉、貼合,形成全等的菱形。亦即,長方形的面積為二個菱形的面積。

 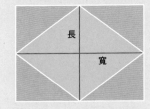 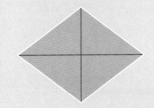

整個長方形的面積……長 × 寬

菱形面積……長方形面積 ÷ 2

圖6 梯形……(上底+下底)× 高 ÷ 2

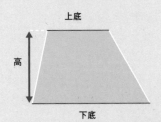

底邊=上底+下底

將全等梯形的其中一方旋轉180度,然後接合在一起,即為平行四邊形。

所欲求的梯形面積為此平行四邊形的一半。

梯形面積公式的意義

準備全等的梯形,將之旋轉180度再接合,形成平行四邊形。只要看圖就能理解「上底+下底」以及「÷2」的意義。

隱藏於多邊形和多面體中的公式為何？

由多條直線構成的圖形稱為「多邊形」。多邊形就如字面上的意思，其內部有許多角，這些角稱為「內角」。要構成多邊形，至少需要 3 條直線。即大家所熟悉的「三角形」。不管是何種三角形，內角和都是 180 度。這是三角形最重要的性質之一。

由 4 條直線構成的圖形為四邊形。另外，四邊形若有一個頂角凹陷進去也沒有關係，亦即其中一個頂角大於 180 度，這樣的四邊形稱為「凹四邊形」。

三角形的內角和為 180 度，而四邊形的內角和為 360 度。畫 1 條線連接四邊形的對角（對角線），四邊形就會變成 2 個併在一起三角形。由此可知四邊形的內角和等於三角形內角和的 2 倍，即 360 度。

隱藏於多邊形內角和與外角和的法則

多邊形是像五邊形、六邊形等邊數更多的圖形，且邊數再多都能構成多邊形。這些多邊形具有與邊數相同數目的角。

三角形的內角和為 180 度，四邊形的為 360 度。那麼「多邊形的內角和」會是多少呢？其實多邊形跟四邊形一樣，也能畫出對角線分割成數個三角形，求出內角和。

但是，在邊數太多的多邊形中拉對角線，並細數分割成多少個三角形會很麻煩。難道不能直接套公式算嗎？四邊形可以分割成二個三角形。五邊形可以分割成三個，六邊形分割成四個……。沒錯，多邊形可以分割成邊數減 2 個三角形。n 邊形的內角和公式如下。

$$180 \text{度} \times (n - 2)$$

那麼，「多邊形的外角和」又是多少呢？其實不管幾邊形，其外角和都是 360 度。雖然感到很意外，不過如右圖所示，一邊維持著外角一將將多邊形向內收縮至 1 點，外角和剛好轉一圈，即 360 度。

外角和為 360 度也可以用計算來證明。只要內外角總和減掉內角和即可。1 個內角與 1 個外角的和為 180 度，所以 n 邊形的內外角總和為 180 度 ×n。而內角和如前述公式，為 180 度 × (n − 2)，所以結果如下。

$$180 \text{度} \times n - 180 \text{度} \times (n - 2)$$
$$= 180 \text{度} \times 2 = 360 \text{度}$$

隱藏於多面體的邊、頂點與面數的法則為何？

多邊形為平面（2 維）世界的圖形（平面圖形），出現在 3 維空間的圖形稱為「空間圖形」。空間圖形中由平面和曲面構成的圖形是「立體」的。立體圖形中，僅由平面構成的就是「多面體」。而且多面體之中，所有的面皆由相同的多邊形所構成的多面體稱為「正多面體」。

目前已知的正多面體有 5 種，就是「正四面體」、「立方體」（正六面體）、「正八面體」、「正 12 面體」、「正 20 面體」。

正多面體只有 5 種據說是畢達哥拉斯所發現的。但是，距畢達哥拉斯約 150 年之後，柏拉圖才寫了關於正多面體的書，所以這 5 種正多面體也被稱為「柏拉圖立體」。

話說，正多面體的邊、頂點和面數各有多少呢？這些數目有沒有什麼公式呢？瑞士的數學家歐拉發現了關於多面體邊數、頂點數和面數的「歐拉多面體公式」。

其公式為「多面體的邊數加 2 會等於頂點數和面數的總和」。此公式不限於正多面體，也適用於所有非凹多面體。

三角形的內角和為180度

撕下下圖三角形的角並重新併排看看。就會清楚發現三個角的總和為180度。

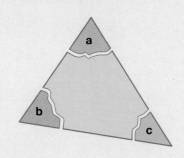

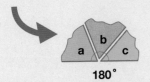

180°

證明「三角形的內角和為180度」

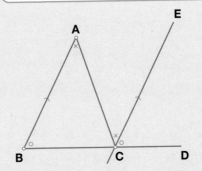

先將 △ABC 的邊 BC 朝 C 的方向延伸,並在其延長線上設 D 點。於是便形成了∠ACD。接著畫 1 條與邊 AB 平行且通過 C 的直線,於直線上設 E 點。然後,∠ACE 和∠BAC 互為內錯角所以二角相等,而∠ECD 與∠ABC 為同位角所以二角相等。∠ACE +∠ECD +∠ACB = 180 度,故∠BAC +∠ABC +∠ACB = 180 度。因此,三角形的內角和為180度。

※2 直線和 1 直線相交時,位於 2 直線內側且位於直線兩側的二個角稱為內錯角(圖中的 ×)。而位於 2 直線同側的 2 個角稱為同位角(圖中的○)。若 2 直線平行,則內錯角相等,同位角相等。

證明多邊形的外角和皆為360度

五邊形

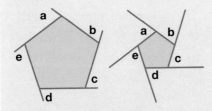

維持著多邊形的外角並向內收縮,則……

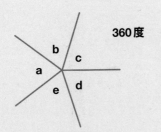

360度

不論幾邊形,其外角和剛好轉一圈,即360度。

歐拉多面體公式

所有的非凹多面體,其邊數加 2 會等於頂點數和面數的總和。這個現象由歐拉所發現,故稱為「歐拉多面體公式」。

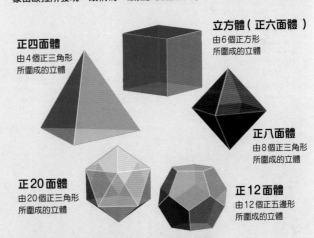

正四面體
由4個正三角形所圍成的立體

立方體(正六面體)
由6個正方形所圍成的立體

正八面體
由8個正三角形所圍成的立體

正20面體
由20個正三角形所圍成的立體

正12面體
由12個正五邊形所圍成的立體

多面體的邊數、頂點數與面數之間的關係

	邊數	+	2	=	頂點數	+	面數
正四面體	6	+	2	=	4	+	4
立方體	12	+	2	=	8	+	6
正八面體	12	+	2	=	6	+	8
正12面體	30	+	2	=	20	+	12
正20面體	30	+	2	=	12	+	20
足球	90	+	2	=	60	+	32

圓和球是具「完全對稱」的最美麗圖形

圓 在數學上可說是「平面上,與某點(圓心)距離都相等之所有點的集合」(但是有時包括圓周之內部也稱為圓)。另一方面,球是「空間內,與某點(球心)距離都相等之所有點的集合」(但是有時包括球面內部也稱為球)。只是將圓定義中的「平面」置換成「空間」而已。球的情況也是從球心看,所有方向到球面的距離都「相等」。

理解圓和球的關鍵在於「對稱性」(symmetry)。「沿圖形中的某直線(對稱軸)將圖形對折,兩邊能完全疊合」的情形稱為線對稱。至於圓,則有無限多條對稱軸。只要是「通過圓心的直線」,不管什麼樣的直線一定能夠對折重疊。

接下來讓我們思考一下圓和球的「旋轉」問題吧!將圓心固定,從 0 度到 360 度,不論以什麼樣的角度旋轉,圓仍然是原來的樣子(旋轉對稱)。另一方面,球是球心固定,在空間內,不管在什麼樣的方向,以什麼樣的角度旋轉,皆保持原來的樣子。

圓和球在「線對稱」和「旋轉對稱」等「對稱性」方面,可說是非常特殊的圖形。圓和球也可說是「不具有特別方向(對稱性高)的圖形」。

圓與球的性質

下面所示為與圓及球相關的各種幾何學性質。圓和球可說是對稱性高的圖形。

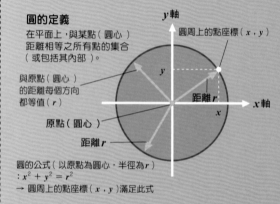

圓的定義
在平面上,與某點(圓心)距離相等之所有點的集合(或包括其內部)。

圓周上的點座標(x,y)

與原點(圓心)的距離每個方向都等值(r)

原點(圓心)

距離 r

y軸

x軸

距離 r

y

x

圓的公式(以原點為圓心,半徑為 r)
: $x^2 + y^2 = r^2$
→ 圓周上的點座標(x,y)滿足此式

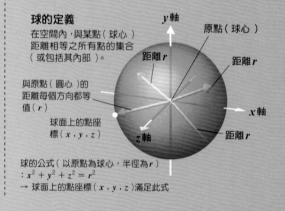

球的定義
在空間內,與某點(球心)距離相等之所有點的集合(或包括其內部)。

原點(球心)

距離 r

距離 r

與原點(圓心)的距離每個方向都等值(r)

球面上的點座標(x,y,z)

距離 r

y軸

x軸

z軸

球的公式(以原點為球心,半徑為 r)
: $x^2 + y^2 + z^2 = r^2$
→ 球面上的點座標(x,y,z)滿足此式

專欄 COLUMN 球的截面為圓

想想以適當的平面將球切開(平面與球相交)的情形。此時,不管從哪個方向切,所出現的截面都是圓。也許有人會想到如果斜切的話,應該會出現橢圓截面吧!不過,其實出現的截面一定是圓。

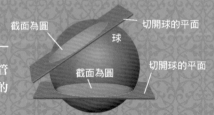

截面為圓

切開球的平面

球

截面為圓

切開球的平面

將圓沿著任何通過圓心的線折疊都能完全重疊（線對稱性）

圓是沿著任何通過圓心的線（對稱軸）對折，皆能完全重疊。另一方面，星形、正方形、正三角形如圖所示，分別只有在以 5 條、4 條、3 條的線（對稱軸）折疊時才能完全疊合。

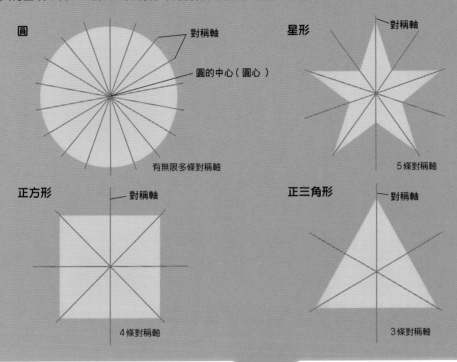

圓
對稱軸
圓的中心（圓心）
有無限多條對稱軸

星形
對稱軸
5條對稱軸

正方形
對稱軸
4條對稱軸

正三角形
對稱軸
3條對稱軸

圓不管以什麼樣的角度旋轉，都維持原樣（旋轉對稱性）

上排的圓不管以 0 度到 360 度的任何角度旋轉，仍維持原來的樣子。另一方面，下排的星形只有在旋轉 72 度（＝ 360 度 ÷ 5）的倍數時，才會回到原來的樣子。此外，在插圖中，為了容易了解旋轉角度大小起見，圖中畫上淺紅色的輔助線。

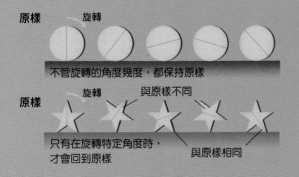

原樣 旋轉
不管旋轉的角度幾度，都保持原樣

原樣 旋轉 與原樣不同
只有在旋轉特定角度時，才會回到原樣 與原樣相同

球不管怎麼旋轉都維持原樣（旋轉對稱性）

球不管在什麼樣的方向上旋轉幾度，都保持原來的樣子。另一方面，正立方體只有在特定方向旋轉特定角度時（例如，只有在上圖般的方向旋轉 90 度的倍數時），才能回到原樣。

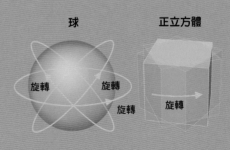

球 **正立方體**
旋轉 旋轉
旋轉 旋轉

圓
周
率
π

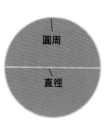

圓周

直徑

$$圓周率 π = \frac{圓周}{直徑}$$

重要公式 1

$$圓周 = 2πr$$
（ r 為圓的半徑 ）

無限延伸的圓周率 π

將圓周率 π 的實際值成圓形配置，該數列無限延伸，
而且無特定數列循環。

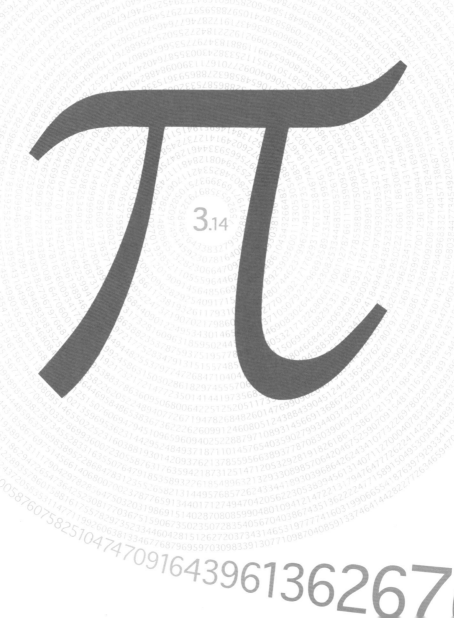

3.14

圓周率 π 的值為無限延伸、不循環的小數

圓周率的 π 是源自代表「周」之意的希臘字第一個字母。所謂圓周率是以直徑的幾倍來表示周長的數。換言之,「圓周＝π × 直徑」。假設圓的半徑為 r,則「圓周＝2πr」。

只要用一條繩子測量圓筒形物體的圓周和直徑,立刻可以知道圓周率是比 3 稍大一點的值。因此,在很早以前的人類就已經知道圓周率大約是 3 左右。

學校所教的 π 大多等於 3.14,但絕對不是剛好 3.14。π 值在 3.14 之後數字還連綿不絕地延續下去,截至目前為止還沒有算出 π 真正的數值。而該數值讓人等得心焦,卻也充滿了魅力。

π 的真值為 3.141592653……無限延續,同時數字不循環。無止境延續,同時又不是循環小數,因此也就無法以整數的分數形式來表示。這樣的數稱為「無理數」,π 就是其中的代表例子。

π 雖然有圓周率之名,但並非只是用來求圓周。在求圓面積、球表面積、體積等時,π 也都是必要的數,它被視為是數學上屈指可數的幾個重要的數之一。

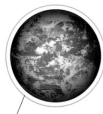

地球(半徑約 6400km)

距離地表高約 1m 的圓
(誇張表現)

1m

足球
(半徑約 11 公分)

半徑延長 1 公尺,圓周大約延伸多長?

如果將地球(半徑約 6400 公里,1 周約 4 萬公里)和足球(半徑約 11 公分,1 周約 69 公分)的半徑分別延長 1 公尺,則圓周長分別延伸了多少?一般人往往認為:如果是 1 周約 4 萬公里的地球,則半徑只要稍微一增加,周長就會增加許多……,然而其實不然。地球也好、足球也罷,不管任何大小的圓,半徑延長 1 公尺,周長大約增加 6.28(＝2× π)公尺。如果原來的圓半徑為 r 公尺,半徑增加 1 公尺時的圓周增加量,經計算為「$2\pi(r+1) - 2\pi r = 2\pi = $約 6.28 公尺」。由於該計算不取決於 r 值,因此不管原來的圓大小如何,結果都不會變。

π 為「特別的無理數」

無理數分為「代數無理數」和「超越數」(transcendental number)。所謂代數無理數是方程式(以整數為係數的方程式,例如:$ax^2 + bx + c = 0$ 這類的方程式〔a、b、c 為整數〕)之解的數。例如,$\sqrt{2}$ 是「$x^2 - 2 = 0$」的一解。另一方面,所謂超越數是不為任何方程式(同上)之解的數。1882 年,德國的數學家林德曼(Ferdinand von Lindemann,1852～1939 年)證明 π 是超越數。

數的分類

實數 ─┬─ 有理數
      └─ 無理數 ─┬─ 代數的無理數 ── $\sqrt{2}$、$\sqrt{3}$ 等
                  └─ 超越數 ── π、自然對數的底數 e、$2^{\sqrt{2}}$ 等

將圓切成無限多個，求面積

將圓切成扇形

將圓切成年輪蛋糕狀

圓 和無限有密切的關係，因此在求圓的面積時，無限的想法正是關鍵。在此，我們來看看使用無限想法的方法，導出眾所周知之圓面積公式 πr^2（r 為圓半徑）。

在學校最常學到就是切圓形蛋糕的方法。將圓切成許多的扇形，當這些扇形一上一下地交錯依序排列時，就變成類似平行四邊形的形狀。

將切分的扇形切得無限細時（圓心角無限小時），這個像平行四邊形的圖形就會變成長方形。該長方形的長是「原來之圓形的半徑（r）」；寬則是「原來之圓形的圓周的一半（$2\pi r \div 2$）」。長方形面積為「長（r）× 寬（πr）」，所以是 πr^2，這是原來的圓的面積。

有趣的是，在圓面積的公式中，π 又出現了。π 之名雖是圓周率，但它不只跟圓周相關，在圓、球的各種性質中，皆可見到它的身影，是個十分重要的數。

即使切的方法不同，也能導出相同公式

在此，我們將圓切成年輪蛋糕（baumuchen）的樣子。將切出的環狀帶筆直拉長，由長到短依序排列，於是便形成階梯狀的圖形。

如果把帶寬切得無限小的話，則階梯狀會變得「平順」，最後變成直角三角形。此時，底邊與「原來的圓半徑（r）」、高與「原來的圓的圓周（$2\pi r$）」一致。直角三角形的面積為「底邊（r）× 高（$2\pi r$）÷2」，面積就是 πr^2，也就是原來的圓面積。結果跟上面「切圓蛋糕法」一樣。

重要公式2

$$圓面積＝\pi r^2$$

（r為圓半徑）

將扇形相連即成類似平行四邊形般的形狀

① ③ ⑤ ⑦ ⑨ ⑪

② ④ ⑥ ⑧ ⑩ ⑫

→ 半徑 r

將扇形切分得更細

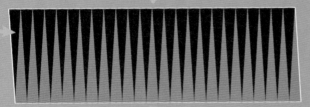

→ 半徑 r

將扇形切得無限細……

變成以圓半徑和圓周一半為兩邊的長方形
→ 面積為 πr^2

圓周的一半 πr

將圓「整形」成長方形

將圓切成許多的扇形，讓它們上下交錯排列。
當扇形的圓心角切得無限小時，該圖形就會變
成以圓的半徑（r）和圓周的一半（πr）為兩
邊的長方形。於是，圓的面積等於此長方形的
面積，也就是 πr^2。

將環狀帶拉直排列的話，就變成階梯狀的圖形

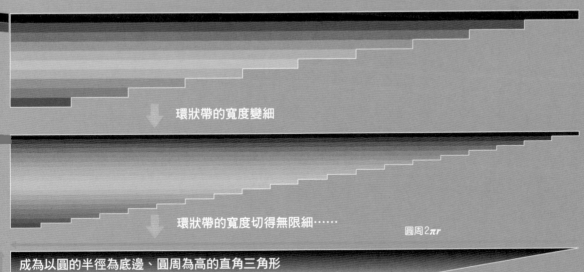

環狀帶的寬度變細

環狀帶的寬度切得無限細……

圓周 $2\pi r$

成為以圓的半徑為底邊、圓周為高的直角三角形
→ 面積為 πr^2

半徑 r

使用圓柱
探求球體積的公式

相信許多人都學過球的體積公式為 $\frac{4}{3}\pi r^3$（r 為球的半徑），而且幾乎都是用死背的方式來記憶。下面我們將導出「看到該公式即可理解的方法」讓各位認識。

首先，請思考一下將球 2 等分的「半球」以及「圓柱」和「圓錐」。而假設其關係是半球和圓錐均可密合地放入圓柱中。就結論而言，這些圓錐、半球、圓柱的體積比為「1：2：3」，成漂亮的整數比。另外還可以表示為「圓柱的體積（3）＝圓錐的體積（1）＋半球的體積（2）……☆」。

圓柱的體積是「底面積〔πr^2〕×高〔r〕＝πr^3」；圓錐的體積為「底面積〔πr^2〕×高〔r〕×$\frac{1}{3}=\frac{1}{3}\pi r^3$」。從圓柱、圓錐的式子與☆的關係式，可以知道半球的體積（＝圓柱的體積－圓錐的體積）是 $\frac{2}{3}\pi r^3$。球的體積為它的 2 倍，就是 $\frac{4}{3}\pi r^3$。

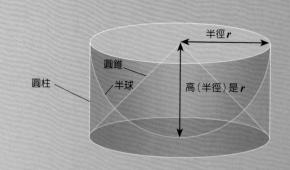

半徑 r

圓柱

圓錐

半球

高（半徑）是 r

圓柱＝圓錐＋半球

正如右圖所示，在與最上端距離 h 處切過三個立體時，其截面為圓。不管距離 h 到底是什麼值，這些截面積之間，「圓柱的截面積〔πr^2〕＝圓錐的截面積〔πh^2〕＋半球的截面積〔$\pi (r^2-h^2)$〕」的關係恆成立（截面積的計算請看各圖說明）。而各個立體可以想像成是由如下圖所示的無數個薄圓板疊加而成，結果，「圓柱體積＝圓錐體積＋半球體積」成立。

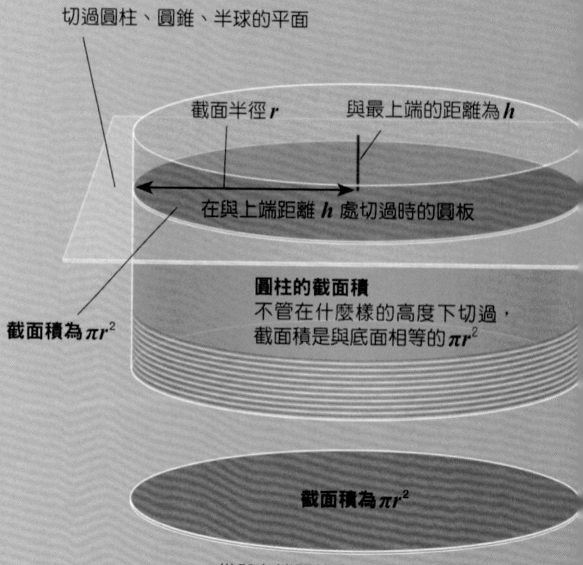

切過圓柱、圓錐、半球的平面

截面半徑 r　　與最上端的距離為 h

在與上端距離 h 處切過時的圓板

圓柱的截面積
不管在什麼樣的高度下切過，截面積是與底面相等的 πr^2

截面積為 πr^2

截面積為 πr^2

從與上端距離 h 處切過時的圓板

球、圓柱、圓錐不可思議的關係

想想能夠密合放入圓柱的半球和圓錐。此時,圓柱和圓錐的高度等於半球的半徑。此外,圓柱和圓錐的底面積等於半球的截面積(圖的上面)。滿足此關係之圓錐、半球、圓柱的體積比為1:2:3。若以其他方式表現的話就是「圓柱體積=圓錐體積+半球體積」(詳情請參閱下面插圖及其說明)。

重要公式3

$$球的體積 = \frac{4}{3}\pi r^3$$

(r 為球的半徑)

球的體積

1　半徑為 r　高為 r　底面積為 πr^2

2　半徑為 r　高為 r

3　高為 r　底面積為 πr^2　半徑為 r

圓錐體積=底面積 × 高 × $\frac{1}{3}$ = $\frac{1}{3}\pi r^3$

圓柱的體積=底面積 × 高=πr^3

圓錐的截面積

在與頂點距離 h 的位置橫切圓錐。在下圖由紅色實線及紅色虛線所圍成的大直角三角形(△ ABC)和小直角三角形(△ ADE)相似(所有的角都相等)。此外,由於△ ABC 的 AB 邊與 BC 邊的長都與 r 相等,因此也是等腰三角形。換言之,△ ADE 也是 AD 與 DE 長度相等的等腰三角形。因此,圖截面的圓半徑(DE 長度)與頂點的距離 h(AD 長度)相等,據此,截面積為 πh^2。

半球的截面積

在與上面距離為 h 處切過半球。在下圖紅色實線和紅色虛線所圍成的直角三角形(△ OPQ)中,以畢氏定理計算的話,「$OQ^2 = OP^2 + PQ^2$」。將 OQ = r,OP = h 代入的話,「$PQ^2 = r^2 - h^2$」。由於 PQ 是截面圓的半徑,因此截面積 = $\pi \times PQ^2 = \pi(r^2 - h^2)$。

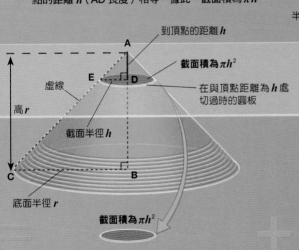

到頂點的距離 h

A

截面積為 πh^2

E　D

在與頂點距離為 h 處切過時的圓板

虛線

高 r

截面半徑 h

C　B

底面半徑 r

截面積為 πh^2

在與頂點距離為 h 處切過時的圓板

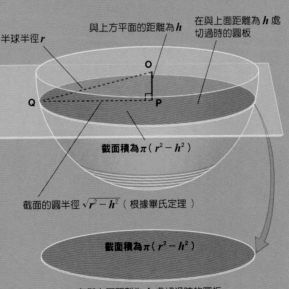

與上方平面的距離為 h

半球半徑 r

在與上面距離為 h 處切過時的圓板

O

Q　P

截面積為 $\pi(r^2 - h^2)$

截面的圓半徑 $\sqrt{r^2 - h^2}$(根據畢氏定理)

截面積為 $\pi(r^2 - h^2)$

在與上面距離為 h 處切過時的圓板

球的表面積與圓柱側面積的關係

求 球之表面積的公式為 $4\pi r^2$。應該有很多人是以死背的方式記住這個式子,在此介紹使用「球與圓柱之神奇關係」直接求出球表面積的方法。

誠如左頁上圖所示,思考球與剛好可容納球的圓柱(球的外切圓柱)。將這些以某高度切成薄片。此時,不管是球或圓柱都成環狀帶(圖中的紅帶)。

如果在偏離球心的位置切片的話,跟圓柱帶相較,球帶不管是半徑或周長都比較短。另一方面,由於球帶是傾斜的,因此這部分與圓柱帶相較的話,寬度較寬。事實上,寬度變寬好像是為了補半徑(周長)變短的部分,所以球帶跟圓柱帶的面積〔(帶周長)×(帶寬)〕不管是在什麼樣的高度下橫切都會相等(詳情請參考右頁下方說明)。

因此無數薄帶合計的球表面積與圓柱的側面積(=圓周〔$2\pi r$〕× 高〔$2r$〕)相等。據此,球的表面積為 $4\pi r^2$(=$2\pi r \times 2r$)。

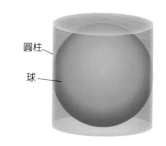

圓柱
球

重要公式 4

$$球表面積 = 4\pi r^2$$
(r 為球半徑)

從球的體積公式推導出表面積公式

在已知球的體積為「$\frac{4}{3}\pi r^3$」的情況下,求出其表面積。如下圖所示,以球心為頂點,球表面的一部分為底面,思考極細小的錐體(將底面視為扁平)。錐體體積為「底面積×高×$\frac{1}{3}$」,由於錐體高度可以視為是跟球半徑 r 一致,因此錐體體積為「底面積 ×r× $\frac{1}{3}$……☆」

我們可將球視為無數這樣錐體所成的集合。換言之,球的體積就是這些錐體體積的總和。如果與☆配合思考的話,①錐體的底面積合計與球的表面積一致、②所有的錐體高與球半徑 r 相等,則球的體積為「球的表面積 ×r× $\frac{1}{3}$……★」。

在此,由於知道球體積的公式,因此從★可得出「球的表面積 ×r× $\frac{1}{3}$ = $\frac{4}{3}\pi r^3$」,據此可以求出「球的表面積 = $4\pi r^2$」。

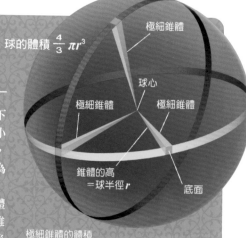

球的體積 $\frac{4}{3}\pi r^3$

極細錐體

球心

極細錐體

極細錐體

錐體的高
=球半徑 r

底面

極細錐體的體積
=底面積×錐體高〔球半徑〕×$\frac{1}{3}$

球的體積
=無數個極細錐體體積的總和
=球的表面積(錐體底面積的總和)
×錐體高〔球半徑〕×$\frac{1}{3}$

球表面積＝剛好容納球之圓柱的側面積

如左圖所示，思考球與剛好能容納該球之圓柱（外切於球的圓柱）。在某高度下薄切球與圓柱的話，它們分別皆成環狀帶（下圖）。此時，不管在什麼樣的高度下薄切，球帶與圓柱帶的面積都相等（詳情請參考本頁右下說明）。因此，由這樣無數環帶集合而成的球表面積與圓柱的側面積也相等。

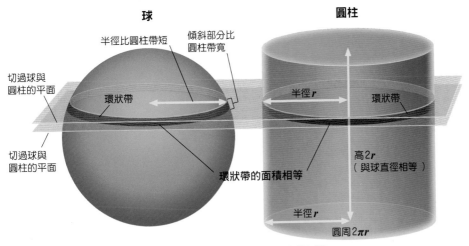

球

半徑比圓柱帶短

傾斜部分比圓柱帶寬

切過球與圓柱的平面

環狀帶

切過球與圓柱的平面

環狀帶的面積相等

圓柱

半徑 r

環狀帶

高 $2r$
（與球直徑相等）

半徑 r

圓周 $2\pi r$

球的表面積與球的外切圓柱的側面積相等

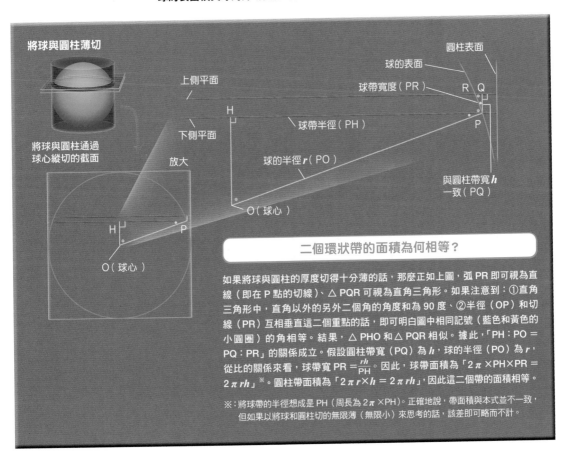

將球與圓柱薄切

將球與圓柱通過球心縱切的截面

放大

上側平面

下側平面

H

O（球心）

H

P

O（球心）

圓柱表面

球的表面

球帶寬度（PR）

R Q

球帶半徑（PH）

球的半徑 r（PO）

P

與圓柱帶寬 h
一致（PQ）

二個環狀帶的面積為何相等？

如果將球與圓柱的厚度切得十分薄的話，那麼正如上圖，弧 PR 即可視為直線（即在 P 點的切線）、△ PQR 可視為直角三角形。如果注意到：①直角三角形中，直角以外的另外二個角的角度和為 90 度、②半徑（OP）和切線（PR）互相垂直這二個重點的話，即可明白圖中相同記號（藍色和黃色的小圓圈）的角相等。結果，△ PHO 和 △ PQR 相似。據此，「PH：PO ＝ PQ：PR」的關係成立。假設圓柱帶寬（PQ）為 h，球的半徑（PO）為 r，從比的關係來看，球帶寬 $PR = \dfrac{rh}{PH}$。因此，球帶面積為「$2\pi \times PH \times PR = 2\pi rh$」[※]。圓柱帶面積為「$2\pi r \times h = 2\pi rh$」，因此這二個帶的面積相等。

[※]：將球帶的半徑想成是 PH（周長為 $2\pi \times PH$）。正確地說，帶面積與本式並不一致，但如果以將球和圓柱切的無限薄（無限小）來思考的話，該差即可略而不計。

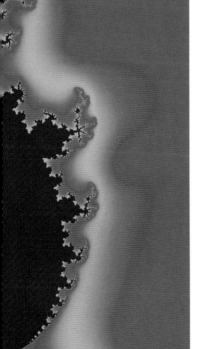

5

圖形　發展篇

Geometry – advanced

圓、橢圓、拋物線 與雙曲線一家親

太陽系行星的運行軌道差不多成圓形。但是受到太陽重力（萬有引力）影響的天體軌道不只是圓形，還有「橢圓」、「拋物線」、「雙曲線」這類與圓不同的曲線軌跡。

橢圓就像是圓壓扁的曲線。而拋物線，如果就身邊的例子來看的話，就是將球斜斜往上拋所畫出的軌跡。雙曲線的具體例子為在 xy 座標下，$y = \frac{1}{x}$ 所表現出的圖形（x 與 y 成反比的關係）。這些曲線都與圓有兄弟般的關係，它們都是「圓錐曲線」（或稱 2 次曲線）家族的成員。

正如右頁插圖所示，思考一下以遮光圓板承接來自點狀光源的光，在前方屏幕上形成影子的情形。如果圓板和屏幕平行的話，影子是個圓。如果屏幕傾斜，則影子的輪廓會變成橢圓、拋物線或雙曲線。這樣的結果意味著圓、橢圓、拋物線和雙曲線是具有密切關係的一群。

太陽系的所有天體都受到來自太陽的重力，依循相同的物理定律（萬有引力定律）的影響，因此運行軌道也就成數學上有兄弟關係的曲線。

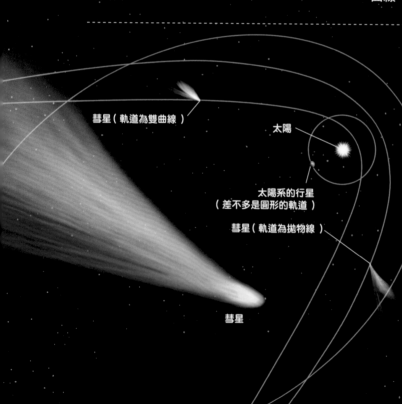

太陽系小天體

彗星（軌道為雙曲線）

太陽

太陽系小天體
（軌道為橢圓形）

太陽系的行星
（差不多是圓形的軌道）

彗星（軌道為拋物線）

彗星

太陽系的天體軌道 皆為圓錐曲線中的一種

在太陽重力影響下運動之太陽系內諸天體（來自行星的重力可以略而不計）的運行軌道，全部都屬於「圓錐曲線」中的一種（參考右頁插圖說明）。舉凡像地球之類八大行星的軌道，嚴謹來說是橢圓形，但已幾近於圓形。但是在太陽系小天體（小行星、彗星等）中，有很多的軌道是極端扁平的橢圓軌道。彗星中，有很多是成拋物線或雙曲線的軌道，一旦飛出太陽系就不再回來了。

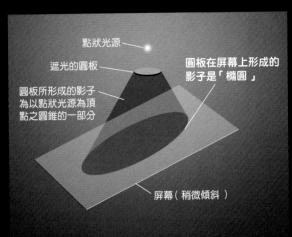

點狀光源

遮光的圓板

圓板在屏幕上形成的
影子是「橢圓」

圓板所形成的影子
為以點狀光源為頂
點之圓錐的一部分

屏幕（稍微傾斜）

以圓影做出橢圓、拋物線、雙曲線（左）

以點狀光源照射圓板，其前方放置屏幕。如果圓板與屏幕平行的話，所形成的影子輪廓就是圓形。但是如果將屏幕稍微傾斜，則影子輪廓變為略扁平的「橢圓」。若將屏幕更大幅傾斜的話，影子輪廓變為「拋物線」、「雙曲線」。以上情形暗示著圓、橢圓、拋物線、雙曲線在數學上有兄弟般的關係。

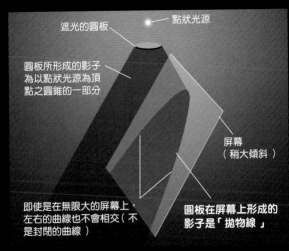

遮光的圓板

點狀光源

圓板所形成的影子
為以點狀光源為頂
點之圓錐的一部分

屏幕
（稍大傾斜）

即使是在無限大的屏幕上，
左右的曲線也不會相交（不
是封閉的曲線）

圓板在屏幕上形成的
影子是「拋物線」

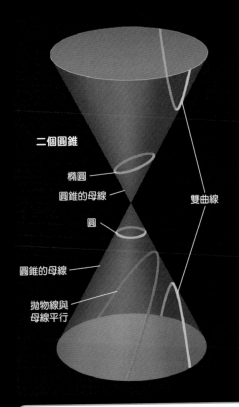

二個圓錐

橢圓

圓錐的母線

圓

雙曲線

圓錐的母線

拋物線與
母線平行

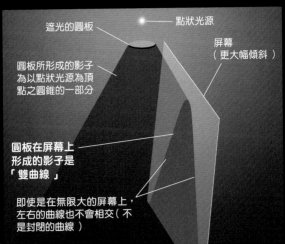

遮光的圓板

點狀光源

屏幕
（更大幅傾斜）

圓板所形成的影子
為以點狀光源為頂
點之圓錐的一部分

圓板在屏幕上
形成的影子是
「雙曲線」

即使是在無限大的屏幕上，
左右的曲線也不會相交（不
是封閉的曲線）

何謂圓錐曲線？

思考二個相同的圓錐上下相反放置，也就是二個頂點相連的立體圖形。如果以與底面平行的方向截切的話，所呈現的截面就是「圓」。如果稍微傾斜截切的話，出現的截面就是「橢圓」。再更傾斜地與母線平行截切的話，截面為「拋物線」。倘若傾斜角度超過上述，則上下圓錐都會被切斷，出現「雙曲線」這種成對的曲線。這就是為什麼這4種曲線稱為圓錐曲線的緣故。

自古以來就被公認是「最美」的比率

黃金比例自古以來就讓很多數學家和藝術家深深著迷,被公認為「最美」的比率,該比為「1.618033……:1」;而「1.618033……」被稱為「黃金數」,以符號「ϕ」(讀作 phi) 表示。

在帕德嫩神殿這類的建築物可以發現ϕ,它也顯現在葉子、向日葵的管狀小花等自然之排列。黃金數經常突然「出沒」在各式各樣的圖形,例如假設正五邊形的 1 邊為 1,則對角線的長度就是黃金數ϕ。此外,在正多面體中也可以發現ϕ的身影。

西元前 300 年的希臘數學家歐幾里得,他將前人的各種數學理論以容易了解的方式加以介紹,寫成《原本》[※]一書。黃金比例在此書中曾一再地出現。在《原本》中,歐幾里得並非以黃金比例之名,而是使用「中末比(也稱外內比)」來稱呼,命名為黃金比例是以後的事。

歐幾里得對黃金比例的定義是:「把某線段一分為二,則長線段與短線段之比恰等於完整線段與長線段之比,此時線段就是以黃金比例來分割」。假設此時的短線段長度為 1,則長線段即為ϕ。

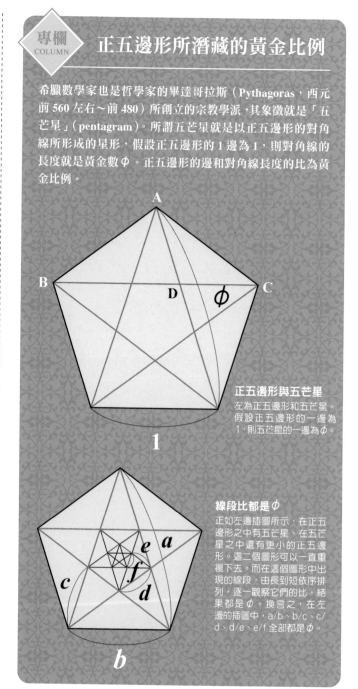

專欄 COLUMN 正五邊形所潛藏的黃金比例

希臘數學家也是哲學家的畢達哥拉斯(Pythagoras,西元前 560 左右~前 480)所創立的宗教學派,其象徵就是「五芒星」(pentagram)。所謂五芒星就是以正五邊形的對角線所形成的星形,假設正五邊形的 1 邊為 1,則對角線的長度就是黃金數ϕ。正五邊形的邊和對角線長度的比為黃金比例。

正五邊形與五芒星
左為正五邊形和五芒星。假設正五邊形的一邊為 1,則五芒星的一邊為ϕ。

線段比都是ϕ
正如左邊插圖所示,在正五邊形之中有五芒星、在五芒星之中還有更小的正五邊形。這二個圖形可以一直重複下去。而在這個圖形中出現的線段,由長到短依序排列,逐一觀察它們的比,結果都是ϕ。換言之,在左邊的插圖中,a/b、b/c、c/d、d/e、e/f 全部都是ϕ。

※《原本》:Elements,其前六卷中文譯本即為《幾何原本》。

在正多面體中也能發現 φ

讓我們從 2 維度移到 3 維度，思考由所有面都一樣大小的正多邊形所組成的正多面體，其中也會出現黃金數。時代比畢達哥拉斯晚的哲學家柏拉圖（Plato，前 427～前 347）認為三度空間中僅有的五個正多面體非常重要，後人將這五個正多面體稱為「柏拉圖立體」（The Platonic solids）。

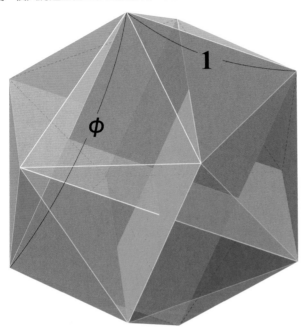

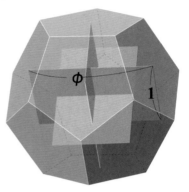

正 12 面體中的 φ
上為正 12 面體，有 12 個面，20 個頂點。連結相對之面的中心所形成的長方形，長邊和短邊的長度比為 φ：1。

正 20 面體中的 φ
上為正 20 面體。有 20 個面，12 個頂點。相對之邊所形成的長方形，長邊和短邊的長度比為 φ：1。

歐幾里得對黃金比例所下的定義

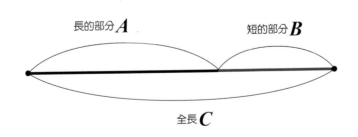

長的部分 A　　　短的部分 B

全長 C

歐幾里得
（生卒年不詳）

所謂黃金比例為，$C : A = A : B$ 的比率

（經過計算則得 $A^2 = BC$。此外 B 為 1 時，A 為 φ）

在大自然中窺見費氏數列

義大利數學家費波那契（Leonardo Fibonacci，1180 左右～ 1250 左右），他在《算盤全書》（Liber Abaci）中，介紹了下面這個問題。

「假設有一對新生的兔子。當牠們滿 2 個月大時就會產子，其後每個月都會產下一對兔子，而產下的每對兔子都是相同的情形。在這樣的情況下，到第 12 個月共會繁殖出多少對兔子呢？」

兔子的對數以 1、1、2、3、5、8……的情況遞增，到第 12 個月增加到 144 對。像這樣，根據「以 1、1 開始，前 2 項相加等於下一項」這樣簡單的規則而形成的數列稱為「費波那契數列」（Fibonacci sequence，以下簡稱費氏數列）。

費氏數列的例子很多，諸如爬樓梯的模式、雄蜂的家譜、生長在植物莖上的葉子、鳳梨等聚合果表面上一個個小果實排列出的螺旋狀圖案等，比比皆是。

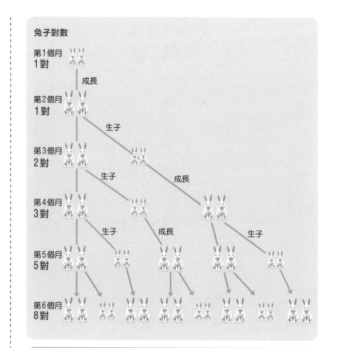

費波那契的兔子問題

上面插圖表現費波那契所思考的兔子問題，尺寸小一號的兔子代表子兔，大一號的代表親兔。親兔每個月都會產下一對兔子。子兔在出生後滿 2 個月才會開始生子。在第 6 個月時，兔子的對數為 8。

費氏數列 前 2 項相加等於下一項

$$1 \quad 1 \quad 2 \quad 3 \quad 5 \quad 8 \quad 13 \quad 21 \quad 34$$

追溯雄蜂的家譜的話，則……

下為雄蜂的家譜。蜜蜂雌蜂（女王蜂）所產下的卵，如果受精的話，就是雌蜂；若未受精直接成長，就是雄蜂。換言之，雄蜂只有母親，雌蜂有母親也有父親。在這樣的情況下追溯雄蜂（圖中最下方）的祖先的話，其數就成了費氏數列。

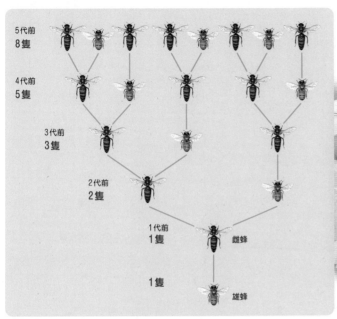

5代前
8隻

4代前
5隻

3代前
3隻

2代前
2隻

1代前
1隻　　　　雌蜂

1隻　　　　雄蜂

費氏數列

上樓梯的模式有幾種呢？

上樓梯的模式有每次都踩一階，也有一次踩 2 階的。假設 0 階的登法是一種，那麼上樓梯的模式就成了費氏數列。

3 階
有「1階1階上」、
「2階→1階上」、
「1階→2階上」
3種模式

1 階
只能「上1階」，
因此只有
1種模式

2 階
有「1階1階上」、
「2階一起上」
2種模式

55　89　144　233　377　610

COLUMN

「黃金數φ」與費氏數列是一體兩面

黃金數與費氏數列有密切的關係。首先，將費氏數列以縱向排列來看看。其次看看上下排列的 2 個數字的比。

$1 \div 1 = 1$、$2 \div 1 = 2$、$3 \div 2 = 1.5$……。

像這樣依序看下去，會發現逐漸接近某個數字。這個數字就是 1.618033……，也就是黃金數。費氏數列相鄰數字的比，隨著數字越來越大，就會無限地趨近黃金數。

有個顯示費氏數列和黃金數密切關係的例子，那就是表示第 n 個費氏數（Fibonacci number）的式子（左頁下）。在表示第 n 個費氏數的式子中，包含有黃金數（$\frac{1+\sqrt{5}}{2}$）。

在表示整數之費氏數的式子中，竟然包含非整數的無理數，想想還頗不可思議的。希望各位實際在 n 的地方代入整數，以確認它為整數。

葉、果實也顯現出費氏數和黃金數

接下來讓我們來看看自然界顯現出來的費氏數和黃金數。第一個例子就是生長在植物莖上的葉子。

葉子接受陽光照射而行光合作用，製造出植物生存所必需的養分。對植物而言，讓所有的葉子都能毫無遺漏地照射到陽光是重要的條件。

葉子沿著莖好像在爬螺旋梯般長出，仔細觀察葉子的生長模式（專門用語稱為「葉序」）主要可分為 3 種：「繞莖轉一圈間長 3 片葉子」、「繞莖轉二圈間長 5 片葉子」、「繞莖轉三圈間長 8 片葉子」。在此所出現的數字全部都是費氏數。

---

1 ↗ 1.000000 倍
1 ↗ 2.000000 倍
2 ↗ 1.500000 倍
3 ↗ 1.666666 倍
5 ↗ 1.600000 倍
8 ↗ 1.625000 倍
13 ↗ 1.615384 倍
21 ↗ 1.619047 倍
34 ↗ 1.617647 倍
55 ↗ 1.618181 倍
89 ⋮

第 n 個數
第 $n+1$ 個數 ↗ 1.618033……倍

▼ 逐漸趨近

ϕ

比內公式

$$F_n = \frac{1}{\sqrt{5}} \left\{ \left(\frac{1+\sqrt{5}}{2} \right)^n - \left(\frac{1-\sqrt{5}}{2} \right)^n \right\}$$

第 n 個費氏數可以使用黃金數來表示

從 1、1 開始，將前二個數字相加等於第三個，持續下去就可以形成費氏數列。但是如果在沒有逐個相加的情況下，想要表示第 100 個費氏數時，該怎麼辦才好呢？此時，最有助益的，當屬「比內公式」了。比內（Jacques Philippe Marie Binet，1786 ～ 1856）是法國的數學家暨物理學家，是將本公式推展開來的人（據說發現者另有其人）。上面公式中的 n 以 100 代入的數，就是第 100 個費氏數。而在本公式中，包含有黃金數（以粉紅色表示）。

第二個例子是植物的「聚合果」（aggregate fruit）。所謂聚合果是由1個個的小果實聚集成一個果實形狀者，草莓就是其中一種。能夠清楚地觀察到費氏數列的聚合果有鳳梨和松果。

一個個小果實好像在表面上畫出螺旋狀般排列。螺旋有左旋和右旋，螺旋的列數如果是松果的話，是5條、8條或是13條；若是鳳梨的話，則可以觀察到8、13、21、34條這樣的列數。這些數字也都是費氏數。

長出葉子或是形成聚合果時，每進行幾度時長葉或結果，才能最為分散而且密度最高呢？例如，如果是每90度長葉或結果，則由上往下俯視會發現葉子和果實會偏在4個方向。

但事實上，俯視時葉子能以最高密度分散生長的角度約137.5度，此角度稱為「黃金角」（golden angle）。

黃金比例是切分線段的比率，而黃金角則是切分圓的比率。換言之，黃金角是「360度：大的部分的角度＝大的部分的角度：小的部分的角度」成立的角度。其中，小的角度約為137.5度，大的角度約為222.5度。此外，137.5度是360度除以 ϕ^2 所得到的值。而360度除以 ϕ 就等於222.5度（360度－137.5度）。

1圈長3葉
（1/3葉序）

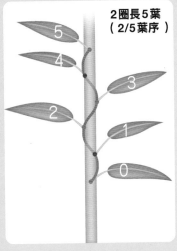

2圈長5葉
（2/5葉序）

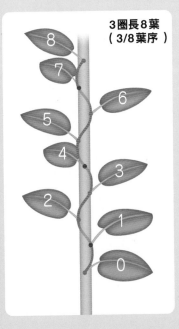

3圈長8葉
（3/8葉序）

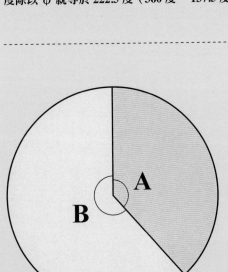

黃金角

將360度分割為A角度和B角度時，若「360度：B＝B：A」時，便可說是成黃金角分割。上為以圖繪出黃金角。

葉子在莖上的排列形式顯現出費氏數

右為以插圖表示一般葉子的長出形式。由上而下分別為：繞莖轉1圈間長3片葉的形式（例：山毛櫸、榆）、繞莖轉2圈間長5片葉的形式（例：蘋果、杏）、繞莖轉3圈間長8片葉的形式（例：白楊、桃），這些每一種都是費氏數。

曲面上的幾何學
為非歐幾何學

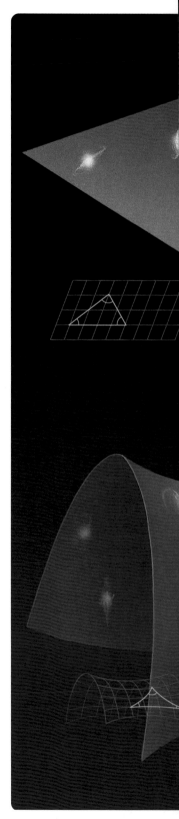

自有文獻記載以來，談到幾何學就是指歐幾里得幾何學，說到培養科學思維的教科書就是指《幾何原本》。然而，卻有一群人對於歐幾里得幾何學產生了疑惑。

歐幾里得幾何學的第 5 公設（平行公設）比其他公設還複雜，所以與其稱為公設或公理，不如說它可能是個能夠證明的現象，於是很多人出來挑戰它。

19 世紀，俄羅斯的羅巴切夫斯基（Nikolai Lobachevsky，1792 ～ 1856）和匈牙利的亞諾什（Bolyai János，1802 ～ 1860）想出一個跳脫這個平行線公理的世界，並創立了新的幾何學。該幾何學認為，三角形的內角和會小於 180 度。此外，德國的數學家黎曼（Bernhard Riemann，1826 ～ 1866）也創立了一個異於羅巴切夫斯基他們理論的新幾何學。新的幾何學認為，三角形的內角和會大於 180 度。

現在這些新興的幾何學被稱為「非歐幾何學」。歐幾里得幾何學是「平面上的幾何學」，而這些非歐幾何學則被稱為「曲面上的幾何學」。據說現在我們所居住的宇宙空間其實是非歐幾里得空間，歐幾里得幾何學只是近似成立於這個空間而已。

歐幾里得幾何學的第 5 公設

如果 1 條線段與 2 條直線相交，在某一側的內角和小於 2 直角和（180 度），則這 2 條直線在不斷延伸後，會在內角和小於 2 直角和的一側相交。

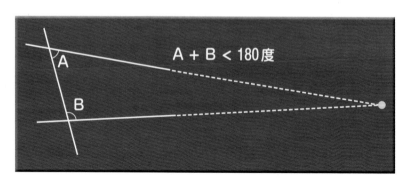

A + B < 180 度

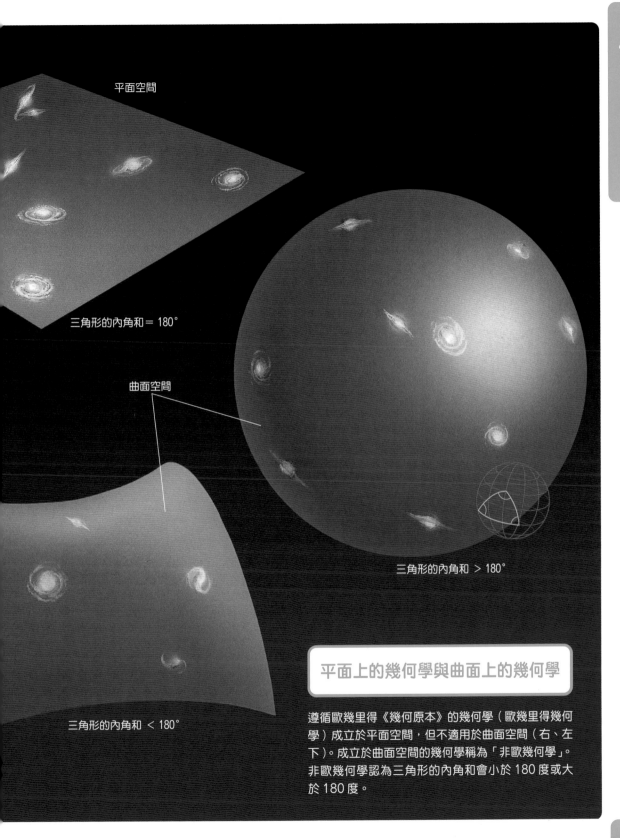

平面空間

三角形的內角和 = 180°

曲面空間

三角形的內角和 > 180°

三角形的內角和 < 180°

平面上的幾何學與曲面上的幾何學

遵循歐幾里得《幾何原本》的幾何學（歐幾里得幾何學）成立於平面空間，但不適用於曲面空間（右、左下）。成立於曲面空間的幾何學稱為「非歐幾何學」。非歐幾何學認為三角形的內角和會小於 180 度或大於 180 度。

調查伸縮圖形，彈性幾何學

拓樸學（topology）也稱「位相幾何學」，「幾何學」（geometry）主要是研究圖形的數學。在幾何學的世界，何種圖形以什麼樣的規則來分類非常重要。

學校所教的數學係以諸如「全等」、「相似」這類「邊長」、「角度」為基準，對圖形進行分類。不過，拓樸學並不重視這些元素。

拓樸學認為重要的是圖形的「連續性」。例如：以線條寫成的「A」字，線有三個分岔，點有二個。拓樸學將在保持連續性的情況下變形（使圖形伸縮），變形情形一致者視為相同圖形（同胚）。

「A」在保持線有三個分岔和二個點的情況下，可以變化成「R」，因此「A」和「R」同胚。但是如果想將「A」變形為「P」或是「H」的話，那麼就必須減少一個中間分為三岔的點，或是將線切斷。在此，由於原本圖形的連續方式已經改變，因此在拓樸學上，將「A」與「P」、「A」與「H」視為不同的圖形。

目前拓樸學的想法被應用在諸如探索 DNA 機制等現代科學的各領域中。

幾何學是圖形分類學！

三角形的特徵是根據「邊長」和「角度」而定。倘若圖形的邊長和角度完全一樣，那就是「全等」；若是放大、縮小後就會全等，那麼就是「相似」。邊長和角度皆相異的三角形，或是頂點數等皆與三角形不同的四邊形或圓形，在中學所學習的範圍內都被視為「不同的圖形」。但是，若根據拓樸學的想法，所有的三角形、甚至四邊形、圓形，全都被視為相同的圖形。

原來的三角形

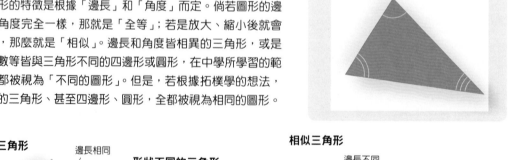

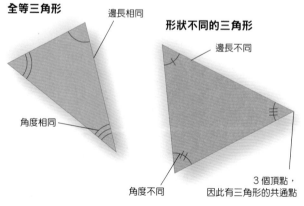

全等三角形
邊長相同
角度相同

形狀不同的三角形
邊長不同
角度不同
3 個頂點，因此有三角形的共通點

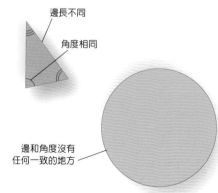

相似三角形
邊長不同
角度相同

邊和角度沒有任何一致的地方

線連接的區域　　　　　　　　線連接的區域

同胚的符號

$A \cong R \neq P$

分成三岔的點只有1個

分成三岔的點

圖形的端點

圖形的端點　　圖形的端點　分成三岔的點　圖形的端點

圖形的端點只有1個

表面的狹窄範圍看起來沒有分岔

立體的洞

表面寬廣區域看起來分成三岔

若以拓樸學來思考英文字母，結果如何呢？

思考以線條書寫之英文字母的拓樸學時，成什麼樣的特殊「連續變化」這一點（上面插圖中的著色區域）為分類基準。英文字母會因字型的不同而有不同的連續變化，敬請注意。

在思考立體文字的拓樸學時，並非像線段般以分岔數，而是以立體的「洞」數做為判斷是否同胚的分類基準。看起來分成三岔的地方，若是立體的話會是非常狹窄的區域，看起來並未分岔，因此無法成為分類的基準。

咖啡杯與甜甜圈的連續變化性質相同

在拓樸學上，咖啡杯與甜甜圈被視為相同圖形（同胚）。誠如下面插圖所示，經由伸縮可以互相轉換。

又，有二個手把的鍋子因為有二個洞，因此被視為與咖啡杯、甜甜圈是不同的圖形。此外，像游泳圈這類內部空洞的物體，乍看下好像跟甜甜圈的形狀相同，但若連內部空間的連通方式也考慮在內的話，可以說這是二個不同的圖形。

杯底沒有洞

拓樸學謎題——問題

根據拓樸學的想法，連續變化方式相同的圖形，即可視為完全相同的圖形（同胚）。所謂「連續變化方式相同的圖形」，一言以蔽之，就是僅藉由伸縮即能一致的圖形。拓樸學中所說的相同圖形絕對不能切割、黏貼。現在，請以柔軟的頭腦來解下面這三個問題吧！

三個問題的答案如 124 頁所示，請仔細思考後，再翻到 124 頁確認答案是否正確吧！

問題 1：請以拓樸學的原則將下面的平假名予以分類吧！

根據拓樸學的想法，將立體的平假名進行分類。若根據拓樸學的想法來分類這 46 個具有立體厚度的平假名，總共可分成幾組呢？

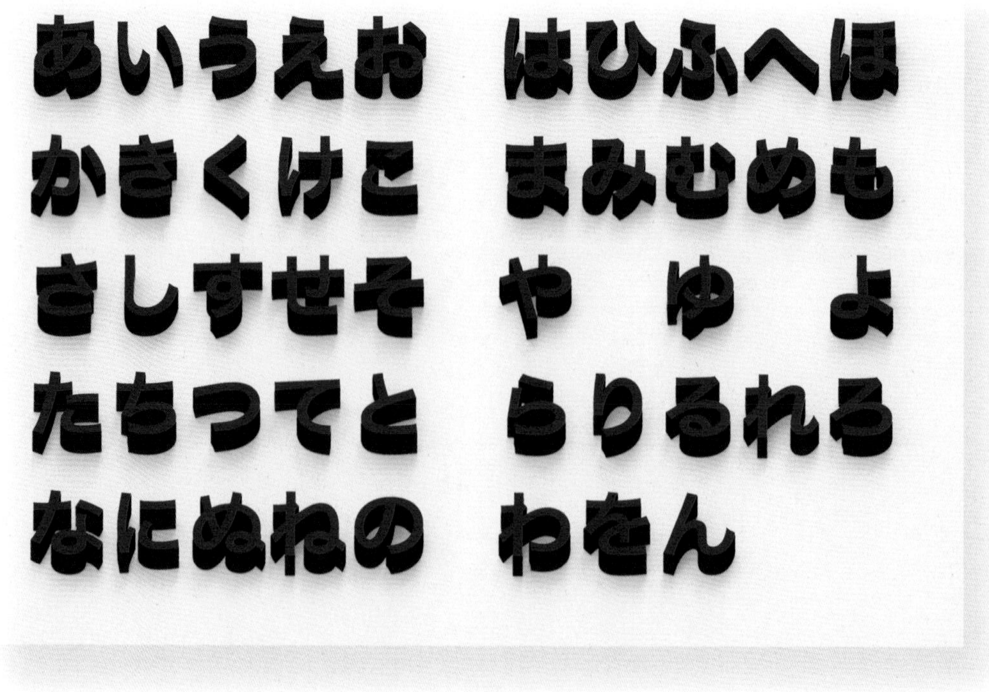

問題 2：僅藉著伸縮，能夠讓橡皮筋從雙環脫離出來！

左邊物體上的雙環卡著一條橡皮筋取不出來。另一方面，右邊物體上只有單環圈著一條橡皮筋。事實上，根據拓樸學的想法，左右二個物體可以說是「完全相同的形狀（同胚）」。換句話說，不需切割圖形，也不必重新連接，只要使之伸縮，即可從左邊的物體變形成右邊的物體。到底該怎麼做才能完成此任務呢？

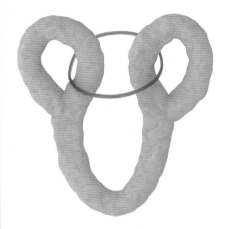 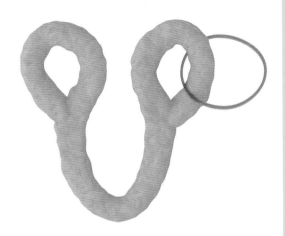

《基礎拓樸學 連續變化的幾何學》（瀨山士郎 著）
參考（PHP Science World 新書）的 95 ～ 96 頁。

問題 3：移動繩子，將球移到另一邊！

此問題是從有名的「African ball puzzle」轉化而來。在三洞的木板上，有將二顆球連接成念珠狀的繩子複雜地交纏在一起。在左邊插圖中，二顆球位在同側，而右邊插圖則是以板中間的洞為界，二顆球分居兩邊。事實上，根據拓樸學想法，左右兩張插圖是處於相同狀態。

　　板上的洞孔徑比球的直徑還要小，球無法通過。到底該如何僅移動繩子，就能將左邊狀態轉變成右邊狀態呢？

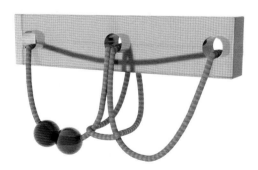 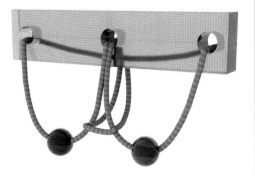

拓樸學謎題──解答

前 頁的拓樸學謎題你解開了嗎?根據拓樸學的想法,有時乍看下完全是不同形狀的物體,竟然可視為「相同形狀」。基於拓樸學想法的謎題還有很多,若有興趣不妨找來鍛鍊自己的頭腦喔!

 洞數有二個

 要素分為三個

ぬ 洞數有三個

 要素分為二個

おはほむ 要素分為二個,洞數有一個

な 要素分為三個,洞數有一個

きくさしせそちつてと
ひへもやりれろわをん 要素為一個,沒有洞

すねのまみゆよる 洞數為一個

問題1的解答

46 個立體平假名的分類基準是「洞數」。此外,像「う」、「た」這類「文字中的要素與要素分開」這點,也是分類的基準。若以「洞數」及「要素與要素分開數」這兩者做為基準的話,46 個立體平假名共可分為八組。

問題2的解答

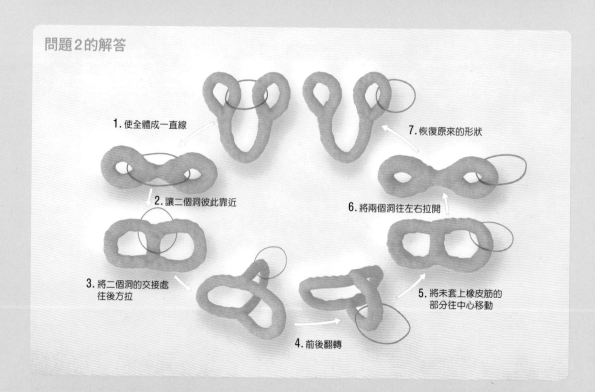

1. 使全體成一直線

2. 讓二個洞彼此靠近

3. 將二個洞的交接處往後方拉

4. 前後翻轉

5. 將未套上橡皮筋的部分往中心移動

6. 將兩個洞往左右拉開

7. 恢復原來的形狀

問題3的解答

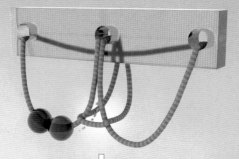

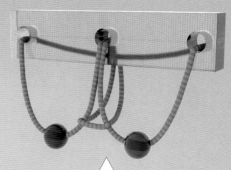

↓ 1.移動藍色球使之穿過繩子下方。

6.移動藍色球,使之穿過繩子之黃色部分的下方。 ↑

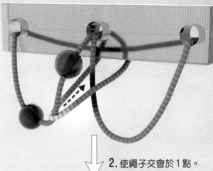

↓ 2.使繩子交會於1點。

5.將步驟「3」從洞的背面拉到正面的繩子交會點推回原處。 ↑

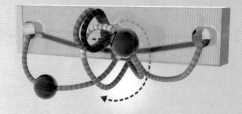

繩子的交會點

3.將繩子的交會點從洞的背面拉到正面。 ↓

4.移動藍色球,使之穿到繩子的綠色部分與紅色部分的下方。 ↑

穴

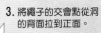

解釋複雜現象的理論

混沌理論與碎形

我們周遭充斥著許多未來不可預測的不穩定現象，這樣的不穩定現象稱為「混沌」（chaos）。

例如，單擺的運動軌跡很單純，但連接 2 個單擺時，其運動行為會變得不可測，形成混沌。完美解釋這種不可預測的現象的就是混沌理論。

有一門學問與混沌理論有密切關係，這就是「碎形」（fractal）。自然界的結構看起來極其錯綜複雜，例如樹枝分岔的樹木和層層向上堆疊的積雨雲等。其實這些看起來十分複雜的結構都有共同的特徵。

樹幹分枝出來的大樹枝上有小樹枝，小樹枝上又長出更小的樹枝。在一團團的積雨雲中看到一團雲時，就會看到很多類似的雲團。

換句話說，將整體的一部分放大檢視時，就會發現很多重複的類似結構。這種特性定義為「自相似性」（self-similarity），具有此特性的結構稱為「碎形」。

碎形最初應用於 CG（電腦圖像）的世界。若使用碎形理論，就能以相對單純的程式將蕨類的葉片和立體的地形圖等複雜的圖形畫出來。

碎形搭配上同樣在解釋複雜現象的混沌理論，可能將會形成了一套強力的武器來解釋過去被視為無法預測和分析的現象。

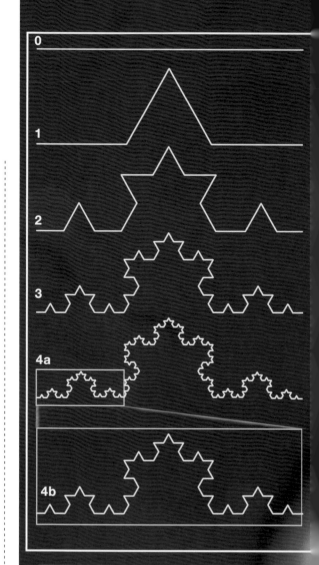

典型的碎形圖形

要解釋何謂碎形，最常用的例子是「科克曲線」（Koch curve）。有 1 條直線（0），先將這條線的長度分 3 等分，以最中間那段直線的長度為底邊，將直線向外突出作出正三角形的 2 邊（1）。再對 4 段直線進行與 1 相同的操作（2）。對 16 段直線重複 1 的操作（3）。重複進行這些操作，圖形會變得愈來愈複雜（4a）。將 4a 的一部分放大，顯示出和 3 相同的圖形（4b）。科克曲線是典型的碎形圖形。

右方地圖為日本宮城縣與岩手縣交界附近知名的谷灣海岸（ria coast）。右邊地圖為左邊地圖的部分放大圖，放大後的地形還是如谷灣海岸般錯綜複雜。所以谷灣海岸屬於碎形圖形。

立體圖形中也存在很多碎形圖形。團狀的花椰菜看似由很多大大小小的「團塊」聚集在一起所形成，碎形理論是解釋這種複雜自然結構的重要關鍵字。

跨頁插圖是依照碎形理論並使用 CG（電腦圖像）畫出來的圖形（曼德博集合）。能用相對單純的程式畫出富含變化的圖形。插圖看起來很像黑色大圓形長出中等圓形，中等圓形再長出小圓形。所以此圖屬於碎形圖形。

具有大小和方向的量──向量

在我們生活周遭，有很多是可以用數字來表達的量。像溫度、氣壓、體重（質量）、身高（長度）等，皆可用一個數的大小來表示。

另一方面，風有表示速率的「每秒5公尺」，和表示方向的「朝東」（西風）。換句話說，僅是數字無法表現風的狀態，還必須是具有方向的量。像這類具有「大小和方向」的量稱之為「向量」（vector）。

向量可以使用箭頭來表示。以風為例，風速是以箭頭的長度來表現，風的行進方向則以箭頭的方向來表現。

除此之外，可以用向量來表示量的例子多到不勝枚舉。例如：物體的運動速度、萬有引力、摩擦力等各種作用於物體的「力」都具有大小和方向。從投球運動到地球的公轉運動，想要理解所有的物體運動，向量的思考模式是不可或缺的。

此外，在理解馬達原理等與電和磁相關的問題上，向量也是不可缺的工具。更進一步地說，與我們日常生活片刻不離的光，也跟向量有著密切的關係。

向量的例子

插圖所繪為生活周遭所能見到的向量例子（框內文字所示者）。向量可以說是具有大小和方向的量，通常以一個帶箭頭的線段來表示，線段長度表示向量的大小，而箭頭方向則表示向量的方向。

風向袋

風

以箭頭方向表示風向

以箭頭長度表示風的強度

速度

萬有引力（力）

力

速度

專欄
COLUMN

向量的加法運算

這裡讓我們以橫越湍急河道的小船為例,介紹向量的「加法運算」。

相對於河水的流速,小船以每秒 1 公尺的速率如插圖所示般朝上方前進。在此,我們假設河水以每秒 1 公尺的速度向右方流。向量是以在英文字母上方置一箭頭(─)來表示。在此,假設小船相對於水流的速度為 $\vec{a}$(向量 a),河水的流速為 $\vec{b}$(向量 b)。

現在請想一想:站在岸邊的人所看到的船速會是多快呢?小船在前進 $\vec{a}$ 的箭頭長度時,河水也流了 $\vec{b}$ 的箭頭長度。換句話說,小船的目的地可以說是 $\vec{a}$ 的箭頭前方再連接上 $\vec{b}$ 之後所抵達的位置。這就是向量的加法,可以用 $\vec{a} + \vec{b}$ 來表示。

再者,小船相對於水的速度 $\vec{a}$ 和水流的速度 $\vec{b}$ 同樣都是每秒 1 公尺。但是在這樣的情況下,$\vec{a} + \vec{b}$ 的秒速並不是 2 公尺(1 + 1)。根據畢氏定理,秒速大約是 1.4 公尺(秒速 $\sqrt{2}$ 公尺)。

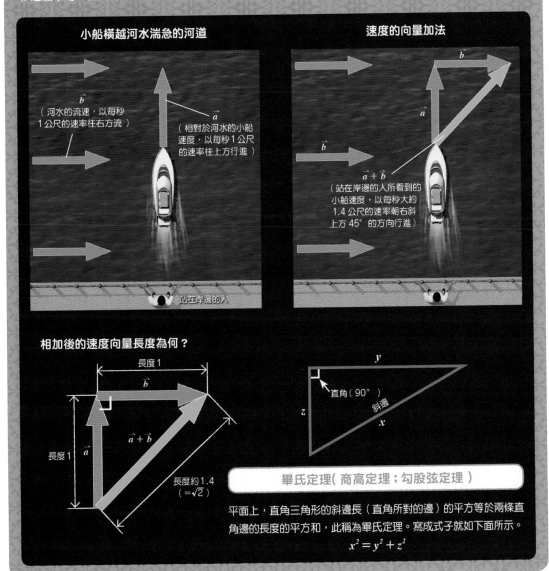

小船橫越河水湍急的河道

(河水的流速,以每秒 1 公尺的速率往右方流)

$\vec{b}$

$\vec{a}$

(相對於河水的小船速度,以每秒 1 公尺的速率往上方行進)

站在岸邊的人

速度的向量加法

$\vec{b}$

$\vec{a}$

$\vec{b}$

$\vec{a} + \vec{b}$

(站在岸邊的人所看到的小船速度,以每秒大約 1.4 公尺的速率朝右斜上方 45° 的方向行進)

相加後的速度向量長度為何?

長度 1

$\vec{b}$

長度 1

$\vec{a}$

$\vec{a} + \vec{b}$

長度約 1.4
($=\sqrt{2}$)

y

直角(90°)

斜邊

z

x

畢氏定理(商高定理;勾股弦定理)

平面上,直角三角形的斜邊長(直角所對的邊)的平方等於兩條直角邊的長度的平方和,此稱為畢氏定理。寫成式子就如下面所示。

$$x^2 = y^2 + z^2$$

4維空間乃由無數的
3維空間疊合而成

設以橫向為 x 軸,與之垂直的縱向為 y 軸,那麼電視畫面上的富士山山頂位置,就可以用距離 x 軸、y 軸之交點(原點)的右邊 50,上面 30 來表示。平面世界可使用由 2 個數字組成的一組數來表示點的位置,因此稱為「2 維空間」。

若想像有一條與電視畫面垂直一直延伸到身前方向的軸(z 軸),那麼電視遙控器前端的位置就可以表示為距離原點右為 50,上為 30,從電視畫面到身前的距離為 300。我們居住的普通空間,點的位置可用由 3 個數字組成的一組座標來表示,因此稱為「3 維空間」。

「4 維空間」就是點的位置可以用由 4 個數字組成的一組座標來表示的空間。在 4 維空間中,可以畫出與 x 軸、y 軸、z 軸皆垂直相交(正交)的軸。

下面插圖所繪的 3 條座標軸分別垂直相交,那麼想像一下還有一條與書本頁面垂直的軸。於是,所畫出的第四條軸(w 軸)與其他 3 軸也垂直相交。這 4 條座標軸垂直相交的座標即為 4 維座標。在 w 軸方向重疊無限多 3 維空間的世界就是「4 維空間」。

位置可利用數值組來表示

在電視畫面上畫出 x 軸與 y 軸,同時從電視畫面往身前方向畫一條 z 軸。畫面上的富士山山頂位置可以表示為(50,30),遙控器前端位置為(50,30,300)。同樣的,4 維空間上的 1 點可以使用 x 軸、y 軸、z 軸、w 軸的數值,像是(10,5,20,8)這樣的數值組來表示。

y 軸

原點
在此立 1 枝鉛筆!

富士山山頂位置
(50,30)

x 軸

z 軸

遙控器前端位置
(50,30,300)

第四個
座標軸

w 軸(第 4 維度的方向)

y 軸

z 軸

x 軸

4 維空間中「填滿」無限多的 3 維空間！

插圖所描繪的意象是 4 維空間中疊合了無限多跟我們所居住之 3 維空間相同的空間。具有長、寬、高（粉紅色、黃色、藍綠色箭頭）3 個維度的 3 維空間，在 4 維空間中，可以說是 4 維方向（灰色箭頭）的厚度為零，板狀般的空間。因此，在 4 維空間中可以「填滿」無限多的 3 維空間。

w軸

畫成平面的3維空間

z軸

x軸

y軸

漂浮在 4 維空間的
神奇圖形「4 維立方體」

讓我們思考一下何謂 4 維物體！首先，想想沿 x 軸方向放置長度為 1 的線段（1）。將該線段往 y 軸方向僅移動 1，觀察此時線段所畫出的軌跡，乃是邊長為 1 的正方形（2）。接著，將該正方形往 z 軸方向僅平移 1，則其軌跡就是邊長為 1 的立方體（3）。

這樣的情形更進一步推演，即可想像「將立方體往與 x 軸、y 軸、z 軸垂直相交（正交）的 w 軸方向僅移動 1 時，其軌跡所形成的圖形」（4），此稱為「4 維立方體」（four-dimension-

al hypercube），也稱為「超立方體」（octa-choron、tesseract）。

從正上方俯視普通的立方體（3 的 z 軸方向），看起來就是小正方形被大正方形包圍的形狀（3'）。小正方形位在遠處，大正方形位在身前。上下左右的四個梯形是立方體的側面。

與此相同的，在 3 維空間內也能繪出 4 維方體的模式圖。想像從 w 軸方向朝正下方俯視 4 維立方體，應該可以看到小立方體（$w=0$）被大立方體（$w=1$）包圍的圖形（4'）。

---

1. 由點到線（1 維度）

將點僅筆直移動 1，其軌跡即為長度 1 的線段。

2. 由線到正方形（2 維度）

y 軸

x 軸

將沿 x 軸放置的線段（長度為 1）僅往 y 軸方向平移時，其所畫出的軌跡即為邊長為 1 的正方形。

3. 從正方形到立方體（3 維度）

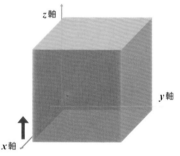

z 軸

y 軸

x 軸

將置於 xy 平面之邊長為 1 的正方形往 z 軸方向僅平移 1 時，其所畫出的軌跡是為邊長為 1 的立方體。

3'.

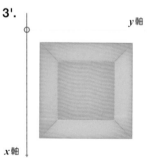

y 軸

x 軸

從 z 軸方向朝正下方俯視的立方體。內側的小正方形係位在 $z=0$（xy 平面）上的立方體底面。外側的大正方形是位在 $z=1$ 平面上的立方體靠身前的這面。立方體看起來就是連接小正方形和大正方形之頂點所形成的形狀。

4維立方體 展開圖

4維立方體的展開圖是由8個立方體連接而成的立體圖形。觀察該展開圖,可能會認為不論如何努力,都無法將之折疊成4維立方體。然而,就像平面上的立方體展開圖可以在3維空間內折疊一般,同樣3維空間內的4維立方體展開圖,若在4維空間內也能折疊。

4. 從立方體到4維立方體(4維度)

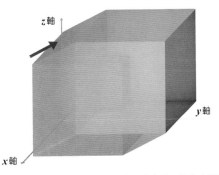

將邊長為1的立方體僅往 w 軸方向平移1時,其在4維空間中畫出的軌跡即為邊長為1的4維立方體。

4'.

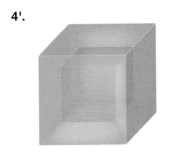

從 w 軸方向俯視的4維立方體。內側的小立方體係位在 $w = 0$ 之3維空間內的立方體。外側的大立方體是位在 $w = 1$ 之3維空間內的3維立方體。將這些立方體的各頂點都連接起來,就成了4維立方體。

讓圖形平移, 即可增加維度

插圖所繪為點、正方形、立方體、4維立方體,藉由讓圖形平移以增加維度的情形。如此一來,在3維空間中的4維立方體可以繪成是小立方體被大立方體包圍的圖形。

4' 是從距離 w 軸原點稍遠的位置觀看4維立方體時所看到的圖形。小立方體並非真的位在大立方體內部,乃是位在 w 軸方向的後方,而大立方體則是位在 w 軸方向的靠身前側。不論是小立方體或是大立方體,都是位在4維空間中,邊長為1的立方體。

此外,在小立方體與大立方體之間,有6個「梯形金字塔」這相當於4維立方體的「側面」。該梯形金字塔也是4維空間中,邊長為1的完全立方體。

正多面體的四維版本「正多胞體」

正多面體只有 5 種，亦即「正 4 面體」、「立方體（正 6 面體）」、「正 8 面體」、「正 12 面體」、「正 20 面體」。每種正多面體，聚集在頂點上的面數各自都是固定的。

想像一下正多面體有 4 個維度的情形吧！該 4 維圖形應該是個被正多面體包圍，聚集在其頂點與邊之正多面體數是固定的圖形。亦即，是由像細胞般的小房間聚集而成的圖形，因此稱為「正多胞體」。

正多胞體總共有 6 種。「正 5 胞體」、「正 8 胞體（4 維立方體）」、「正 16 胞體」、「正 24 胞體」、「正 120 胞體」、「正 600 胞體」。正 600 胞體是在 4 維的空間內配置 600 個正 4 面體所形成之對稱形狀的 4 維圖形。

就像 3 維圖形的立方體可以繪成 2 維的平面一般，4 維圖形的正多胞體也可以「繪成」3 維空間中的立體。

將立方體繪成平面，原本應該是正方形的每個面，會被描繪成像是平行四邊形和梯形般的形狀。同樣的，將 4 維圖形的正多胞體「描繪」（映射）在 3 維空間時，原本應是嚴整之正多面體的一部分，變成歪扭的多面體。

正 120 胞體的紙模型

插圖是將正 120 胞體在 3 維空間內「映射」時所構成的紙模型（paper craft）。正 120 胞體是由 120 個正 12 面體聚集而成的 4 維圖形。將本頁圖形影印多張，並切割、組合，就能親手製造出這樣的立體。

B. 需要個數：12 個

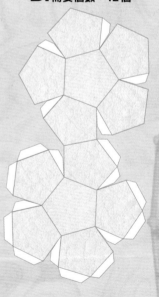

A. 需要個數：1 個

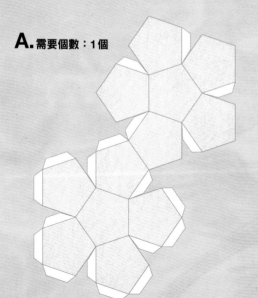

註：此紙模型是將 4 維空間中的正 120 胞體映射到 3 維空間內所成。因此，有些是二個重疊成一個，有些則是崩塌成凹陷，因此準備的多面體不是 120 個，而是 45 個。

紙模型的作法

將 1 個 A、12 個 B、20 個 C 和 12 個 D 組裝起來。以 A 為中心，在其周圍配置 12 個黃色面相合的 B。接著 將 B 水藍色的面與 C 的水藍色面相合，總計配置 20 個 C。於是，在 5 個 C 所圍的地方出現凹陷，凹陷的底面應該會成為 B 的黃色面。最後，將 D 的黃色面黏貼在凹陷上，就大功告成了。

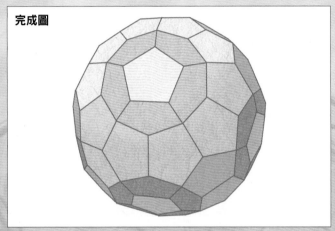

完成圖

因為是紙模型，我們看不到內部，其實裡面有構成正 120 胞體的多面體。

分別切除 A ～ D 的外邊，在 ——— 處折出凸線。將白色的黏貼邊黏貼在一起，組裝成立體形狀。

C. 需要個數：20 個

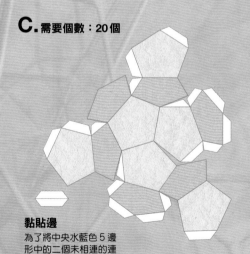

黏貼邊
為了將中央水藍色 5 邊形中的二個未相連的連接在一起，必須使用黏貼邊從背面黏貼。

D. 需要個數：12 個

黏貼邊
為了將相鄰的橙色 5 邊形連接在一起，使用黏貼邊從背面黏貼。

6

機率
Probability

與偶然相關的數學──機率是什麼？

　　提到機率，各位的腦海中會想到什麼呢？最貼近我們生活的例子或許就是天氣預報了。當然，相信也有人會想到樂透彩的中獎率。

　　機率（probability，也稱概率、或然率等）與分析資料的「統計」（statistics）組合為一，運用在日常生活中的各種事物上面，舉凡賭博、保險費的金額設定或者是收視率調查等比比皆是。

　　人類與偶然事件打交道的歷史，出乎意料的久遠。至少在西元前3000年左右的文明古國──埃及和印度，就已經出現骰子，用於祭祀和遊戲等方面。但是，當時的人好像將骰子會出現哪一面（點數）之類的偶然事件，認為是神的旨意。

　　所謂機率是就某偶然事件，以數字表示其發生的比例。即使是現代的機率論，也無法具體預測所擲的骰子，接下來會出現幾點（哪一面），這一點跟古代一樣，沒有任何改變。儘管如此，其實在偶然中蘊含著深奧的定律。只要瞭解機率，就能掌握處理無法預測之偶然事件的方針。

日常生活中隨處可見的機率

我們的生活中，到處都與機率有關。不管是天氣預報、樂透彩的中獎率、骰子和撲克牌遊戲或是保險等都和機率息息相關。

骰子的點數
擲骰子，各點數的出現機率約各為 $\frac{1}{6}$（約16.7%）。

今日天氣預報

天氣預報
在天氣預報中，降水機率的預測就是運用機率的明顯例子。

抽獎機

彩券
以日本的大寶籤「DREAM
JUMBO」為例，中獎張
數是事先就決定了的，特
獎為1000萬張中有1張，
所以特獎的中獎機率為
1000萬分之1。

撲克牌
在撲克牌遊戲中，也可以看到機率的身影。例如，以整副牌玩
梭哈時，在第一次發的5張牌中，拿到葫蘆（Full House，相
同數字的牌3張、2張的組合）的機率約 $\frac{1}{694}$（約0.144％）。

隨著次數的增加而逐漸趨近原本的機率

假設這裡有一枚正、反面（正面為黑、反面為白）出現機率相等的硬幣。現在進行一個丟 1000 次硬幣的實驗，把每次出現的正、反面結果記錄下來。根據實驗結果顯示，最初 10 次的比例為正面 $\frac{3}{10}$、反面為 $\frac{7}{10}$，偏離本來的機率（$\frac{1}{2}$）。

若最初的 100 次，結果會如何呢？正面 45 次、反面 55 次，由此可知，已逐漸接近機率 $\frac{1}{2}$。而 1000 次的結果則是正面 508 次、反面 492 次，又更進一步接近本來的機率（$\frac{1}{2}$）了。

像這樣，不斷重複某個偶然事件（隨機事件），其結果將逐漸趨近本來的機率，此稱為「大數法則」，是機率論的基本定律。如果無限次投擲硬幣的話，正面和反面的機率應該剛好各 50%。

機率這種東西，若短期性（投擲硬幣的次數少）來看，也許偶爾會「爆出」偏離原本機率的結果；但就長期性（投擲硬幣的次數多）來看，會出現趨近原本機率的「平穩」結果。若要享有機率的好處，就必須從長期的眼光來看。

投擲硬幣 1000 次的結果

投擲硬幣 1000 次的結果如插圖所示。從上面由左至右依序排列，正面以黑、反面以白來表示。儘管在途中會連續出現正面或反面的情形發生，但是從結果來看，正面為 508 次、反面為 492 次，差不多是各 $\frac{1}{2}$ 的機率。

綠線圈出的部分為 10 次的結果；紅線圈出的部分為 100 次的結果。關於這部分，為了讓正面和反面所占比例能一目了然，因而改變其排列方式如右頁所示。

又，機率有趨近 $\frac{1}{2}$ 的趨勢的確是事實，然而若重複出現偶然的話，也可能會有全部為正面或反面的極端情形產生。

如果次數增加的話，趨近於 $\frac{1}{2}$

將左頁的實驗結果切分為10次（綠框部分）、100次（紅框部分）、1000次，排列成很容易即可看出正面和反面的比例。據此可實際感受到，隨著次數10次、100次、1000次的增加，機率逐漸接近 $\frac{1}{2}$。

10次

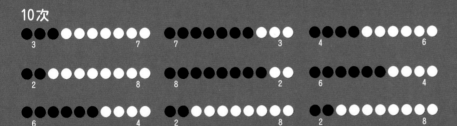

100次

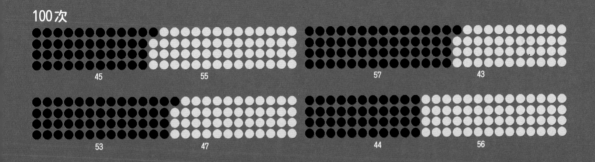

1000次

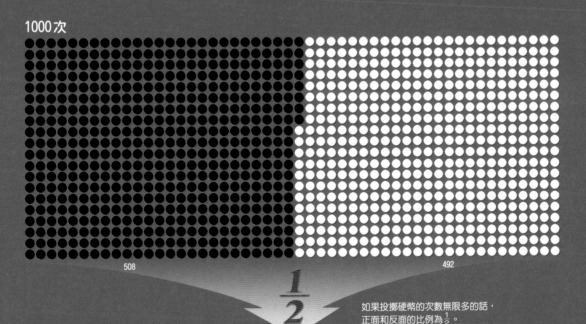

如果投擲硬幣的次數無限多的話，正面和反面的比例為 $\frac{1}{2}$。

分別使用
「排列」與「組合」

擲 三個骰子的點數和，出現 9 和出現 10 的機會，哪個比較大？

合計為 9 的組合為：(1、2、6)、(1、3、5)、(1、4、4)、(2、2、5)、(2、3、4)、(3、3、3)6 種。另一方面，合計為 10 的組合有：(1、3、6)、(1、4、5)、(2、2、6)、(2、3、5)、(2、4、4)、(3、3、4)，也是 6 種。如果這樣的話，出現 9 和出現 10 的機率是不是一樣多呢？

為這個問題提供答案的是義大利的科學家伽利略（1565～1642）。他注意到三個骰子應該區別對待。例如：(1、2、6) 這種組合，點數和為 9 的情形，除了 (1、2、6) 外，還有 (1、

6、2)、(2、1、6)、(2、6、1)、(6、1、2)、(6、2、1) 共六種形態。另一方面，像 (3、3、3) 這樣的組合則只有一種形態。所以如果將骰子區別對待的話，點數和為 9 的形態就有 25 種；點數和為 10 的形態有 27 種。換言之，點數和為 10 比較容易出現。

這就是「排列」和「組合」的差異。所謂排列，例如在 1、2、6 這三個數字時，有人會考慮到排列的順序。以伽利略為例，他會把 (1、2、6) 和 (1、6、2) 二者視為不同；而組合則是一種不考慮順序的想法。所以在思考機率之際，必須依狀況，慎重辨別應該適用排列或是組合。

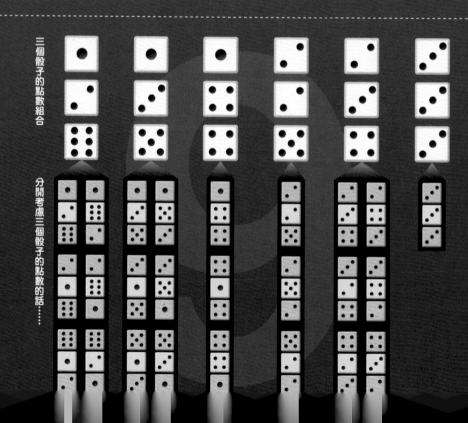

三個骰子的點數組合

分開考慮三個骰子的點數的話……

排列與組合的公式

從由 n 個組成的團體中取出 r 個依序排列時的排列總數以「P_r^n」來表示，而求出答案的公式為 $P_r^n = n！／(n－r)！$。「！」是表示階乘的符號，例如 3！＝3×2×1，4！＝4×3×2×1。從 4 個人的團體中選出 3 個人時的排列為 $P_3^4 = 4×3×2×1／(4－3)！＝24$，有 24 種。此外，組合的總數以「$C_r^n$」來表示，求出答案的公式為 $C_r^n = P_r^n／r！$。從 4 個人的團體中選出 3 個人時，不考慮到順序時的組合為：$C_3^4 = P_3^4／3！＝24／3×2×1＝4$，有 4 種。這些公式在考慮機率問題時會經常出現，請務必記住。

點數和為 9 的形態共 25 種，為 10 的共 27 種

左頁所表示的是點數和為 9 時的情形。最上面一區是三個骰子未有區別的情況，共有 6 種形態。實際上，必須像下面一區般，將三個骰子加以區別，採用「排列」來思考問題。在這樣的情況下，合計有 25 種形態。

又，為了方便區別，將三個骰子分別著上不同顏色。另一方面，右頁表示的是點數和為 10 的情形。上面一區是三個骰子未有區別時的情況；下面一區則是有所區別時的狀況，點數和為 10 的形態共有 27 種。因為各形態出現的機率應該是平等的，所以有 27 種形態的點數和 10 較容易出現。又，點數和為 11 的形態也有 27 種，所以三個骰子的點數和最容易出現的就是 10 和 11。

伽利略
17世紀的天文學家，連機率方面的問題他都有所涉獵。

三個骰子的點數組合

分開考慮三個骰子的點數的話……

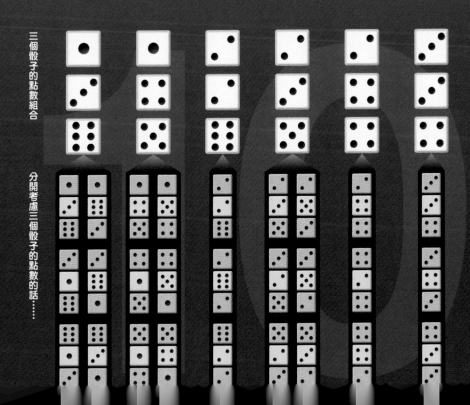

利用乘法定律與加法定律求正確的機率

17世紀的法國數學家帕斯卡（Blaise Pascal，1623～1662）和費馬（Pierre de Fermat，1601～1665）針對「A 和 B 二人事先約定好誰先三勝，誰就是獲勝者。倘若在 A 勝 2 次、B 勝 1 次的情況下，賭局必須停止，那麼應該分別退還 A、B 多少賭金才會公平呢？」有相當深刻的討論。

實際上，在沒有進行的第 4 次賭局，A 獲勝機率為 $\frac{1}{2}$。此外，第 4 次 B 勝、第 5 次 A 勝機率為 $(\frac{1}{2}) \times (\frac{1}{2}) = \frac{1}{4}$。據此，A 先取得 3 次獲勝機率為將上述二者相加，也就是 $(\frac{1}{2}) + (\frac{1}{4}) = \frac{3}{4}$。

另一方面，B 若要先取得 3 次勝利必須是第 4 次和第 5 次都是 B 勝，而其機率為 $(\frac{1}{2}) \times (\frac{1}{2}) = \frac{1}{4}$。因此，將二人的賭金和以 3：1 分配即可。

第 4 次 A 負且第 5 次 A 勝的場合所使用像 $(\frac{1}{2}) \times (\frac{1}{2})$ 這樣的乘法，在現代的機率論中稱為「乘法定律」（multiplication law）。此外，A 最後成為獲勝者的機率，將可能在第 4 次結束的機率有 $\frac{1}{2}$ 和可能在第 5 次結束的機率有 $\frac{1}{4}$ 相加求出，這是基於「加法定律」（addition law）。在思考機率時，這些乘法定律、加法定律也都非常重要。

賭金該怎麼歸還才公平？

右為帕斯卡和費馬透過書信交換意見，所認為公平分配賭金的方法。左頁為已經進行 3 局分出勝負的賭賽，A 在 2 勝 1 負的階段賭賽結束時的想法。白圓代表 A 勝、黑圓代表 B 勝。右頁為 A 在 2 勝 0 負的狀態結束與 A 在 1 勝 0 負的狀態結束時的情況。他們認為應該分別在各個情況下求出 A、B 贏得 3 次勝利的機率，根據比率退還賭金才公平。在此假設每次賭局的勝率，A、B 都是各 $\frac{1}{2}$。

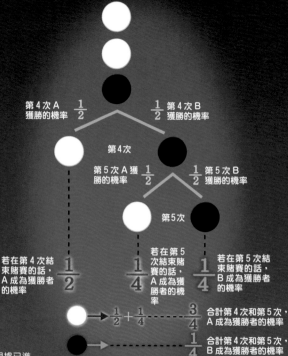

第 4 次 A 獲勝的機率 $\frac{1}{2}$　　$\frac{1}{2}$ 第 4 次 B 獲勝的機率

第 4 次

第 5 次 A 獲勝的機率 $\frac{1}{2}$　　$\frac{1}{2}$ 第 5 次 B 獲勝的機率

第 5 次

若在第 4 次結束賭賽的話，A 成為獲勝者的機率　$\frac{1}{2}$

若在第 5 次結束賭賽的話，A 成為獲勝者的機率　$\frac{1}{4}$

若在第 5 次結束賭賽的話，B 成為獲勝者的機率　$\frac{1}{4}$

$\frac{1}{2} + \frac{1}{4}$　→　$\frac{3}{4}$ 合計第 4 次和第 5 次，A 成為獲勝者的機率

→　$\frac{1}{4}$ 合計第 4 次和第 5 次，B 成為獲勝者的機率

A 在 2 勝 1 負的狀態下賭賽結束
雖然第 4 次、第 5 次的賭局實際上並未進行，但是我們可以根據已進行過的結果，求出機率。其結果，假設賭賽繼續進行的話，A 成為勝利者的機率有 $\frac{3}{4}$，B 成為勝利者的機率有 $\frac{1}{4}$，於是我們知道這是在 A 比 B 有利 3 倍的情況下結束的賭賽。

帕斯卡

費馬

A在2勝0負的狀態下結束賭賽

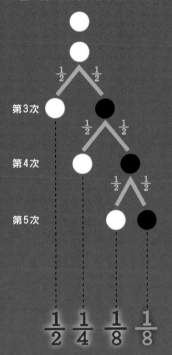

第3次

第4次

第5次

$$\frac{1}{2} \quad \frac{1}{4} \quad \frac{1}{8} \quad \frac{1}{8}$$

 $\longrightarrow \frac{1}{2} + \frac{1}{4} + \frac{1}{8} \cdots \cdots \frac{7}{8}$

●$\longrightarrow \cdots\cdots\cdots\cdots\cdots\cdots \frac{1}{8}$

求出實際未進行之第3次、第4次、第
5次若進行比賽時的 A、B 勝率。經過
計算，得到 A 的勝率為 $\frac{7}{8}$，B 的勝率為 $\frac{1}{8}$
的答案。由此可知，退還的賭金，A 和
B 應以 7：1 的比例歸還較為公平。

A在1勝0負的狀態下結束賭賽

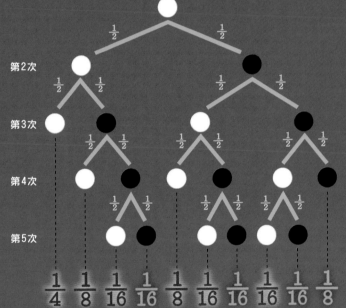

第2次

第3次

第4次

第5次

$$\frac{1}{4} \quad \frac{1}{8} \quad \frac{1}{16} \quad \frac{1}{16} \quad \frac{1}{8} \quad \frac{1}{16} \quad \frac{1}{16} \quad \frac{1}{16} \quad \frac{1}{16} \quad \frac{1}{8}$$

○$\longrightarrow \frac{1}{4} + \frac{1}{8} + \frac{1}{16} + \frac{1}{8} + \frac{1}{16} + \frac{1}{16} \cdots\cdots \frac{11}{16}$

●$\longrightarrow \frac{1}{16} + \frac{1}{16} + \frac{1}{16} + \frac{1}{8} \cdots\cdots\cdots \frac{5}{16}$

求出實際未進行之第2次以後的賭局若進行比賽時的 A、B 勝率。經
計算求出 A 的勝率為 $\frac{11}{16}$，B 的勝率為 $\frac{5}{16}$，因此 A 和 B 應以11：5的
比例歸還賭金較為公平。

相對發生事件以外的所有事件

某考生預定參加 A、B、C、D、E、F 等六所大學的單獨招生考試。假設由該考生之學力，計算考上各大學的機率依序為 30%、30%、20%、20%、10%、10%。請問，該考生至少考上一所大學的機率有多少？

當然，至少考上一所大學的機率可先分別算出所有的狀況，然後將全部的狀況相加得到答案，不過這樣的作法太過麻煩了（右頁插圖）。

這個問題如果使用「餘事件」（complementary event）的想法來解的話，很容易即可求出答案。所謂餘事件是指「相對發生事件以外的所有事件」。以本題為例，所要求的是「至少考上一所大學的機率」，如果將全體機率當作 1（100%），減去「所有大學都未考上的機率」，得到的就是答案。

使用餘事件的計算方法如下。首先，所有大學皆未考上的機率是將每個大學的考不上機率相乘所得到的答案，因此根據乘法定理為 $\frac{7}{10} \times \frac{7}{10} \times \frac{8}{10} \times \frac{8}{10} \times \frac{9}{10} \times \frac{9}{10}$。將答案化成百分率即為約 25.4%，至少考上一所大學的機率為 100%－25.4%＝74.6%。

所有大學皆未考上的機率是多少？

未考上
A大學的機率　$\frac{7}{10}$

×

未考上
B大學的機率　$\frac{7}{10}$

×

未考上
C大學的機率　$\frac{8}{10}$

×

未考上
D大學的機率　$\frac{8}{10}$

×

未考上
E大學的機率　$\frac{9}{10}$

×

未考上
F大學的機率　$\frac{9}{10}$

＝

25.4016%

至少考上一所大學的機率
＝全體機率（100%）－所有大學皆未考上的機率

100% － 25.4016%
＝ 74.5984%

某考生至少考上
一所大學的機率是多少？

根據機率我們知道，儘管每所大學的考上機率都不高，但
是如果多考幾所的話，單就計算而言，考上大學的可能性
會提高了。

然而，這種單看一個一個時的機率低，但是組合
之後的機率變高這一點，在製造精密工業產品
時，就變成一個傷腦筋的大問題。例如，某項
產品是由 100 個零件組成，倘若其中有一
個零件是不良品，產品就無法運作。現在
假設各個零件的正常品機率為 99％，
該產品的無法動作的機率（零件中至
少有 1 個為不良品的機率），可以
藉由 $1-\left(\frac{99}{100}\right)^{100}$ 算出，結果約
63.4％。

未考上
A 大學的機率
70％

考上 A 大學的
機率 30％

未考上
B 大學的機率
70％

考上 B 大學的
機率 30％

未考上
C 大學的機率
80％

考上 C 大學的
機率 20％

未考上
D 大學的機率
80％

考上 D 大學的
機率 20％

未考上
E 大學的機率
90％

考上 E 大學的
機率 10％

未考上
F 大學的機率
90％

考上 F 大學的
機率 10％

A、B、C、D、
E 大學皆落榜，
只考上 F 大學的
機率

A、B、C、
D、E 大學皆落榜，
考上 E 大學的機率

A、B、
C、D 大學皆落榜，
考上 D 大學的機率

A、B、
C 大學皆落榜，
考上 C 大學的機率

A、B
大學落榜，
考上 C 大學的機率

A
大學落榜，
考上 B 大學的機率

考上最先考的 A 大學的機率

A × B × C × D × E × F　　A × B × C × D × E　　A × B × C × D　　A × B × C　　A × B　　A

$$\frac{28224}{1000000}+\frac{3136}{100000}+\frac{784}{10000}+\frac{98}{1000}+\frac{21}{100}+\frac{3}{10}$$

$$= 74.5984\%$$

……不過以這個方法，計算的步驟非常繁雜。

無法預測的事件也能計算損益

這裡有磚塊 1～13（A～K）共 13 張撲克牌，把它們反蓋，從中隨便選出 1 張，該遊戲假設你選到的牌上面的點數就是你的得分，你能夠預估自己的得分是多少嗎？

在這種情況下，可以對所有的牌進行（得分）×（機率）的計算，然後再將它們加總起來即可。如此所得到的答案，在意義上便是機率上可期待的數值，稱為「期望值」（expectation）。

讓我們具體的來計算看看。（1 分×$\frac{1}{13}$）＋（2 分×$\frac{1}{13}$）＋……＋（13 分×$\frac{1}{13}$）＝ 7。亦即，所預估的得分為 7 分。然而，這畢竟只是計算上的值，實際玩遊戲時，結果很不一定，有可能是 2 分，也可能是 10 分，結果是

使用 A～K（1～13）的牌，每張牌所代表的分數與牌面的點數同

抽到 A、得到 1 分的機率為 $\frac{1}{13}$，得到 2 分的機率也是 $\frac{1}{13}$。3～13 的得分機率也都是 $\frac{1}{13}$。（1 分×$\frac{1}{13}$）＋（2 分×$\frac{1}{13}$）＋……＋（13 分×$\frac{1}{13}$）＝ 7，以該規則玩遊戲時的期望值為 7。

牌的得分
機率

$$1 \times \frac{1}{13} \quad 2 \times \frac{1}{13} \quad 3 \times \frac{1}{13} \quad 4 \times \frac{1}{13}$$

$$\frac{1}{13} + \frac{2}{13} + \frac{3}{13} + \frac{4}{13} +$$

改變遊戲規則時

變更規則，有 4 張 A，2～K（13）各一張，總共 16 張撲克牌。如果抽到牌 A 的話，則得 15 分；抽到 2～9 時，則得分與牌面點數同；抽到 10～13（K），則皆得 10 分。如果只考慮 A 牌時，得到 15 分的機率為 $\frac{4}{16}$，因此得分為 15×$\frac{4}{16}$。以此類推，所有的牌都經過這樣的計算，然後相加，結果得到的期望值為 9。由於 A 的得分較高，同時又增為 4 張，因此即使 J、Q、K（人頭牌）的分數變低，不過跟最初的規則相較，期望值還是提高了。

機率
牌的得分

$$15 \times \frac{4}{16} \quad 2 \times \frac{1}{16} \quad 3 \times \frac{1}{16} \quad 4 \times \frac{1}{16}$$

$$\frac{60}{16} + \frac{2}{16} + \frac{3}{16} + \frac{4}{16} +$$

分散的。但如果這樣的遊戲多玩幾次，平均得分將會趨近於 7。

即使把遊戲規則訂得更為複雜，期望值的求法還是一樣。例如，除了 13 張磚塊牌之外，再加上紅心、黑桃、梅花等花色的 A，總共 16 張撲克牌。再者，每張 A 都算 15 分，2～9 的分數跟牌面數字一樣，10～K 則都當成 10 分。然後求期望值的結果是 9 分。

期望值是在思考不可預測之事的損益時是不可或缺的。

任選一張牌

在分配撲克牌的得分方面，可以運用機率論計算出隨便選一張撲克牌時的期望值。不過，該結果畢竟只是根據機率計算出來的，如果抽選的次數過少的話，可能會偏離計算值。

$$5 \times \frac{1}{13} \quad 6 \times \frac{1}{13} \quad 7 \times \frac{1}{13} \quad 8 \times \frac{1}{13} \quad 9 \times \frac{1}{13} \quad 10 \times \frac{1}{13} \quad 11 \times \frac{1}{13} \quad 12 \times \frac{1}{13} \quad 13 \times \frac{1}{13}$$

期望值

$$\frac{5}{13} + \frac{6}{13} + \frac{7}{13} + \frac{8}{13} + \frac{9}{13} + \frac{10}{13} + \frac{11}{13} + \frac{12}{13} + \frac{13}{13} = 7$$

$$5 \times \frac{1}{16} \quad 6 \times \frac{1}{16} \quad 7 \times \frac{1}{16} \quad 8 \times \frac{1}{16} \quad 9 \times \frac{1}{16} \quad 10 \times \frac{4}{16}$$

期望值

$$\frac{5}{16} + \frac{6}{16} + \frac{7}{16} + \frac{8}{16} + \frac{9}{16} + \frac{40}{16} = 9$$

追加資訊，
使機率發生變化

「某」家庭有 2 名小孩，已知其中 1 名是男孩。此時，另外 1 名小孩為男孩的機率有多少？」

相信有很多人憑直覺會認為是 $\frac{1}{2}$，其實正確答案是 $\frac{1}{3}$。

首先，思考有 2 名小孩的狀況，而沒有「其中 1 名是男孩」的資訊。在此情況下，性別的組合依出生順序有「男、男」、「男、女」、「女、男」、「女、女」4 種。

在此狀況下，若再加上「其中 1 名是男孩」的資訊時，因為孩子中（至少）有一名是男孩，所以必須將上述 4 種可能中的「女、女」予以排除。

於是，留下的可能性為「男、男」、「男、女」、「女、男」3 種。其中，1 名是男孩時，另外 1 名也是男孩的就只有「男、男」這組了。因此機率為 $\frac{1}{3}$。

像本問題這般，已附加某條件或資訊時，有時機率會發生變化。這是 18 世紀英國一位牧師，也是數學家的貝葉斯（Thomas Bayes，1702～1761）發現的，稱之為「條件機率」（conditional probability）。

因資訊而使機率發生變化

這是個問在某家庭有 2 名小孩的狀況下，加入「其中（至少）有 1 名為男孩」的資訊時，另 1 名小孩為男孩之機率的問題。首先，有 2 名小孩時，其性別組合依年齡順序有「男、男」、「男、女」、「女、男」、「女、女」4 種可能。在此，因為其中（至少）有 1 名為男孩，所以排除「女、女」組合的可能性。剩下的 3 種組合中，1 名為

所提供的資訊只是有 2 名小孩時

再加上其中有 1 名是男孩時

因為有 1 名是男孩，所以排除「女、女」這組。

男孩時，另外 1 名也是男孩的組合只有「男、男」時，因此機率為 $\frac{1}{3}$。又，如果這個問題是：「年長的孩子是男孩，則另一名小孩是男孩的機率是多少？」的話，答案為 $\frac{1}{2}$。

$$P(A \mid B) = \frac{P(A \cap B)}{P(B)}$$

條件機率係指在 B 條件下，A 發生的機率，以符號來表現時為 $P(A \mid B)$。在條件機率方面，貝葉斯發現左邊的公式。所謂 $P(A \cap B)$ 係指 A 和 B 雙方發生的機率。此外，$P(B)$ 是 B 發生的機率之意。將上面的性別問題以公式來思考看看吧！所求的機率是「在（至少）有 1 名男孩的條件下，另外的 1 名為男孩」。換句話說，可以表示成 A 是「另外的 1 名為男孩」、B 是「（至少）1 名男孩」。因為 $P(B) = \frac{3}{4}$、$P(A \cap B) = \frac{1}{4}$，所以 $P(A \mid B) = \frac{1}{3}$。

在僅知道 1 位男孩子之名字的情況下，
「另 1 位是男孩子」的機率會改變！

1. 僅以性別區分手足的情形

誠如左頁所思考的，在有 2 位手足（兄弟姊妹）的
情形下，以男女來區分時，有「男、男」、「男、女」、
「女、男」、「女、女」4 種可能性，機率各是 $\frac{1}{4}$。

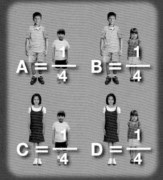

$A = \frac{1}{4}$ $B = \frac{1}{4}$

$C = \frac{1}{4}$ $D = \frac{1}{4}$

2. 以性別和其中 1 位男孩子的名字來區分手足的情形

再者，以男孩子的名字是阿健和
不是阿健（非阿健）來區分時，
可分成 A 有 3 種，B 和 C 有 2
種，總計可分為 8 種。

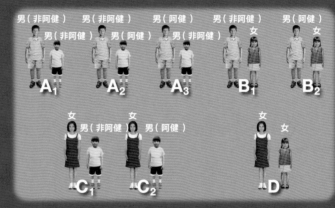

3. 如果聚焦在「有 1 位男孩子名字叫阿健」時，結果會如何？

如果聚焦在「手足中有 1 位叫阿健的男孩子」時，只會剩下 4 種組合。A_1、B_1、C_1 都被排除，像 3.1 和 3.2
般假設 $A_1 \sim C_2$ 的機率，從條件機率的公式求 $\frac{A_2+A_3}{A_2+A_3+B_2+C_2}$，則男孩子中有 1 位是阿健時，另 1 位孩子也是
男孩的機率為 $\frac{1}{2}$ 或是 $\frac{2}{5}$。

3.1 考慮名字之稀有性的情況

3.2 未考慮名字之稀有性的情況

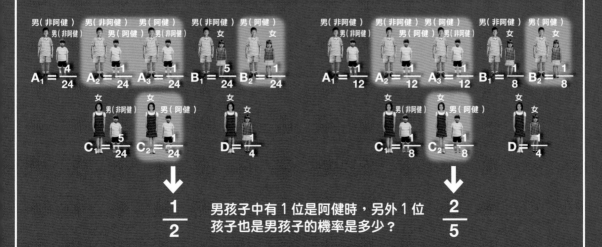

男孩子中有 1 位是阿健時，另外 1 位
孩子也是男孩子的機率是多少？

$\frac{1}{2}$ $\frac{2}{5}$

COLUMN

附帶條件的機率難題！「蒙提霍爾問題」

這是一個可獲得豪華獎品的遊戲。在挑戰者面前有 A、B、C 三扇門。在其中一扇門後藏著豪華的獎品，但是剩下的兩扇門都沒獎品。主持人知道哪扇門中獎；當然，挑戰者並不知道中獎的是哪扇門。挑戰者選了 A 門。

主持人便將剩下的兩扇門之中的 B 門打開，讓挑戰者看清 B 門並未中獎。在這時候，主持人這樣告訴挑戰者：「您可以維持第一次所選擇的這扇門。不過，要改選擇 C 門也可以喔！」那麼，挑戰者在這時是否應該改變選擇呢？答案是「應該改變選擇！」

這就是有名附帶條件的機率難題「蒙提霍爾問題」（也稱蒙提霍爾悖論）。這是在美國知名電視遊戲節目「Let's Make a Deal」中實際進行過的遊戲，

在三扇門裡，中獎的是哪一扇？（蒙提霍爾問題）

【狀況 1】挑戰者選了 A 門

【狀況 2】主持人把 B 門打開（留下 C 門）

沒中

根據【狀況 2】來計算「A 的中獎機率」與「C 的中獎機率」，則結果為何？

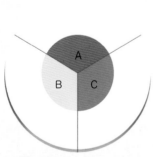

<第一步>

在【狀況 1】裡，「A 中獎」、「B 中獎」與「C 中獎」的機率每個都是 3 分之 1。將圓餅圖內側的圓均分為 3 等分來表示以上的情形。

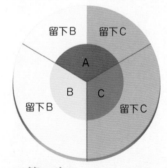

<第二步>

看看知道答案的主持人會留下哪一扇門。要是「A 中獎」，那麼就會留下 B 或 C（不論哪一邊會被選到的機率都是一樣）。「B 中獎」的話，B 一定會被留下，「C 中獎」的話，那麼 C 一定會被留下。我們將上述情況在圓餅圖的外側描繪之後就如上圖所示。

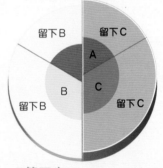

<第三步>

在【狀況 2】裡，實際上是 C 被留下來了（上面的圓餅圖變厚的部分）。在這種情況之下，「A 中獎」占了 3 分之 1，「C 中獎」則占了 3 分之 2。

問題的名字來自該節目的主持人蒙蒂·霍爾。「B沒中獎，剩下是 A 或 C 二選一。也許很多人會認為 A 和 C 的中獎機率都是 $\frac{1}{2}$，換與不換都是一樣的。但是事實上，A 的中獎機率是 $\frac{1}{3}$，C 的中獎機率是 $\frac{2}{3}$。

現在讓我們針對該問題做個說明吧！主持人在打開 B 之前，A 的中獎機率是 $\frac{1}{3}$，不中機率是 $\frac{2}{3}$。所以，有 $\frac{2}{3}$ 的機率是 B 或 C 的其中一個會中獎。到這裡為止，大家應該都沒有異議吧！

但是，現在主持人已經告訴你 B 沒有中獎了，所以原本 B 和 C 加起來共 $\frac{2}{3}$ 的中獎機率，排除了 B 後，等於 C 的中獎機率為 $\frac{2}{3}$，因此從 A 改成 C 應該更為有利。

您能夠接受上述的解釋嗎？如果不能，那我們以更極端的例子來說明吧！請想像現在有 100 萬扇門。當挑戰者從 100 萬扇門之中選中了 A 門後，主持人就把其餘的 99 萬 9998 扇門打開，讓觀眾知道這些門後面都沒有獎品（留下 1 扇門未開）。此時，「最初選擇的 A 門」與「99 萬 9999 扇門中最後留下的 1 扇門」相較，您是否會覺得後者的中獎機率比較高呢？

倘若還是無法接受的話，我們不妨用撲克牌來場雙人組實驗吧！利用 1 張紅色、2 張黑色的撲克牌，按照蒙提霍爾問題的相同模式，也就是兩人一組進行重複猜測哪一張是紅色紙牌，應該就能確認改選另一張紙牌時之中獎機率的數值會很接近 $\frac{2}{3}$。

要是把門增加到 5 扇的話？

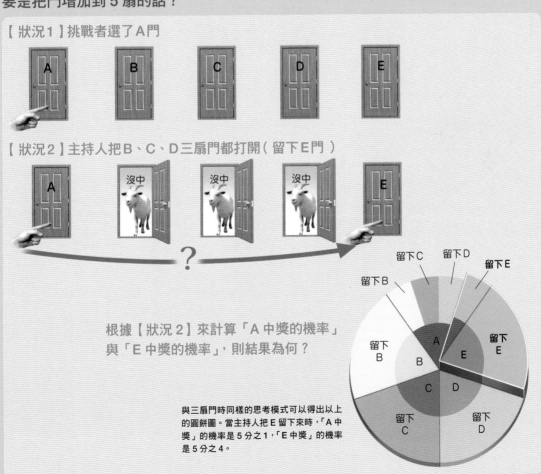

【狀況1】挑戰者選了A門

【狀況2】主持人把B、C、D三扇門都打開（留下E門）

根據【狀況2】來計算「A 中獎的機率」與「E 中獎的機率」，則結果為何？

與三扇門時同樣的思考模式可以得出以上的圓餅圖。當主持人把 E 留下來時，「A 中獎」的機率是 5 分之 1，「E 中獎」的機率是 5 分之 4。

不規律且無法預測的動作「隨機漫步」

想像一條 P 點最初位在原點的數線。然後投擲硬幣，如果硬幣的正面朝上，P 點就往右移動；如果背面朝上，P 點就往左移動。這樣的操作一直反覆進行，最後會發現隨著時間的推移，位在原點的 P 點持續不斷地左右晃動。

像這樣不規律且無法預測的動作稱為「隨機漫步」（random walk）。它就像是喝醉酒的人在走路，這裡晃幾步、那裡晃幾步，完全漫無章法，因此也稱為「醉步」。

由於 P 點往左和往右移動的機率各半，因此不管經過多久的時間，P 點好像一直都在原點附近徘徊。然而，實際計算的結果卻顯示情況並非如此，P 點逐漸離開原點，在機率上更常發生。

不管是自然現象或是生活周遭的現象中，很多都可以看到與隨機漫步相同的動作。例如：在盛裝著紅茶的杯中倒入牛奶，即使不用湯匙攪拌，隨著時間的推移，牛奶與紅茶混合的面也會愈來愈廣，紅茶與牛奶的混合程度愈來愈均勻。這樣的擴散現象是牛奶粒子因隨機漫步的例子「布朗運動」（Brownian motion）而不規則運動，結果就會發生從原來位置離開的情形。

另外，股價波動、虛擬貨幣這些金融商品的價格變動等，完全是不可預測的，因此也被認為具有隨機漫步的性質。此外，謠言的傳播、感染症的蔓延情形、交通阻塞的電腦模擬等，其實在各種現象的分析中，都會應用到隨機漫步。

何謂隨機漫步？

插圖所繪為 1 ～ 3 維度的格子上的隨機漫步。若是在 2 維的平面，在格子上往前、後、左、右移動的機率分別設定為 $\frac{1}{4}$。如果是三維的立體空間的話，就變成往前、後、左、右、上、下六個方向前進的機率各為 $\frac{1}{6}$。

實際利用電腦進行模擬，結果發現不論是何種場合，都會出現隨著時間推移而逐漸遠離原點的趨勢（因為是機率性的動作，所以也有極低機率停留在原點附近的可能）。與紅茶混合的牛奶粒子等的擴散現象，也是因為這樣的隨機漫步發生的。

1維的隨機漫步

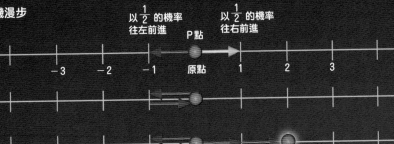

以 $\frac{1}{2}$ 的機率
往左前進

以 $\frac{1}{2}$ 的機率
往右前進

P點

原點

2維的隨機漫步

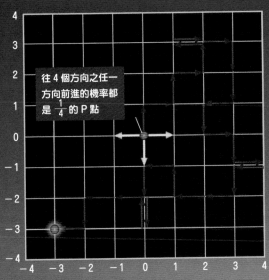

往 4 個方向之任一
方向前進的機率都
是 $\frac{1}{4}$ 的 P 點

3維的隨機漫步

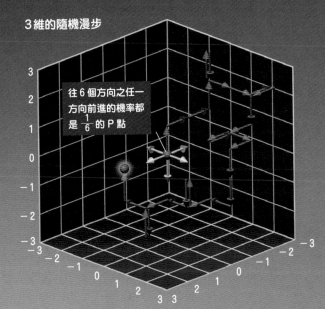

往 6 個方向之任一
方向前進的機率都
是 $\frac{1}{6}$ 的 P 點

7

統計
Statistics

沒有統計就
無法理解這個世界

在這 200 年間，世界各國富饒到何種程度呢？該怎麼做，才能搞清楚不明疾病的原因呢？對於上述的問題，使用統計手法應該可以找到答案。

統計有二大功能，一個就是能夠從生活周遭的現象收集資料，以一眼即可明瞭的方式呈現資料所具的意義。資料的特徵以圖表或是「平均數」（也稱平均值，英語為：mean、average）、「標準差」（standard deviation）等統計值來表現。

另一個功能就是能推定未知的結果。預測選舉之當選人就是其中一個例子。僅是利用出口民調（exit poll，也稱票站調查），針對部分投票者所做的民意調查，即可預測當選人。像這樣的統計，可根據局部的資料而能以一定程度的機率（probability）預測到整體面向。

一言以蔽之，統計就是從有限的資訊，簡單明瞭的讓大家知道複雜的社會究竟發生了什麼事，並推測未來發生某種情況的機率有多少的數學。

經濟、政治、醫療……。世界上的所有現象都是統計分析的對象。

統計在各個領域皆能發揮威力

美國的統計學家席佛（Nate Silver，1978 ～）能夠完全預測到美國總統大選的各州結果（A）。羅斯林（Hans Rosling）博士將 200 年來世界各國的變化以動態圖表來解說（B）。IPCC（國際機構聯合國政府間氣候變遷問題小組）推定地球未來將會暖化到何種程度（C）。

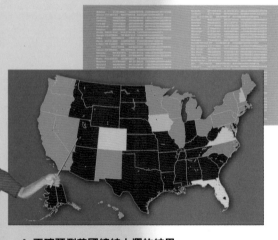

A. 正確預測美國總統大選的結果

美國總統大選的預測非常困難，政治評論家的意見也大多相左，結果往往撲朔迷離。

2012 年的美國總統大選，大多數的意見認為兩位候選人——歐巴馬（Barack Obama）和羅姆尼（Mitt Romney）勢均力敵，是一場龍虎鬥。其中美國的統計學家席佛將民意調查的結果和過去的選舉結果單獨加權（weighted），預測「歐巴馬」較為有利。而且，各州分別由哪位候選人取得勝利也都完全命中。

C. 地球暖化是進行式嗎?

在這 100 年內,地球是暖化的嗎?各地的氣溫紀錄因為測量方式的不同,有些或地區、或年代沒有紀錄。因此 IPCC 的科學家們組合各式各樣的資訊,推定出「從 1906 年到 2005 年的 100 年間,地球的平均氣溫上升了 0.74℃」。據估計,推定的誤差在 0.18℃以內。

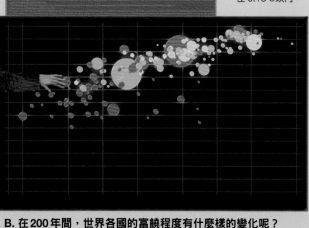

B. 在 200 年間,世界各國的富饒程度有什麼樣的變化呢?

羅斯林博士以上面的圖表為舞台,說明世界各國的富饒度有什麼樣的變化。縱軸係表示平均餘命(life expectancy),橫軸表示人均收入。此外,一個個的圓表示國家,而圓的大小表示人口。從這個圖表可以發現收入較多的國家,平均餘命有較長的趨勢。

留意「平均數的陷阱」

調查數據資料的「平均數」是統計學的第一步。所謂平均數就是「將所有數值的合計值除以數據個數」。在統計學此稱為「相加平均數」或是「算術平均數」（arithmetic mean）。

當聽到平均數時，也許會給人是「中位數」的印象。但是，有時平均數未必是「中位數」（median）。

舉例來說，有 5 個人，身上所帶的現金分別是 3 萬元、4 萬元、5 萬元、6 萬元、7 萬元，那麼平均數是「5 萬元」。此時，倘若有 1 個人加入，而他所帶的現金有 23 萬元，那麼平均數一下子彈高到「8 萬元」，而 6 個人中，有 5 個人的現金都在平均數以下。像這樣，平均數極易受到極端的值（極值）的影響，必須特別注意。

典型的例子就是儲蓄額與年收入的平均數。以日本為例子，2 人以上家庭的平均儲蓄額（2017 年）是「1812 萬日圓」。看到該平均數，也許有很多人會覺得日本人實在太有錢了。但事實上，超過該平均儲蓄額的家庭僅占全體的 3 分之 1（約 33%）而已，一部分擁有高額儲蓄的人將整體的平均數向上推升。

蹺蹺板達到平衡的支點位置就是「平均數」

在表示所帶現金的數線上，根據現金的數額大小依序排列。當將數線視為蹺蹺板時，相當於左右達到平衡之支點位置的就是平均數（相加平均數）。一旦有一個極端的數值加入時，蹺蹺板的平衡就會大幅偏移。再度取得平衡時，支點的位置（平均數）會大幅位移。由此可知，平均數極易受極值（extreme value）的影響。

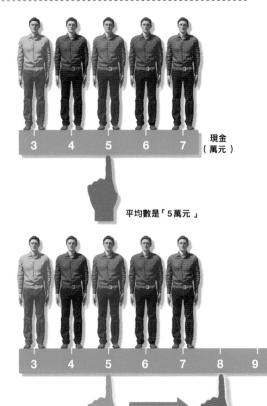

現金（萬元）

平均數是「5 萬元」

平均數彈高到「8 萬元」

平均數（相加平均數、算術平均數）的計算式

$$平均數 = \frac{數據_1 + 數據_2 + \cdots\cdots + 最後的數據}{數據個數}$$

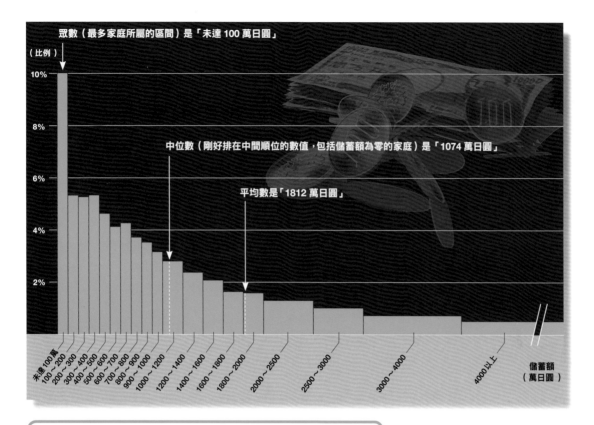

眾數（最多家庭所屬的區間）是「未達 100 萬日圓」

（比例）

10%

8%

6%

中位數（剛好排在中間順位的數值，包括儲蓄額為零的家庭）是「1074 萬日圓」

平均數是「1812 萬日圓」

4%

2%

未達 100 萬
100～200
200～300
300～400
400～500
500～600
600～700
700～800
800～900
900～1000
1000～1200
1200～1400
1400～1600
1600～1800
1800～2000
2000～2500
2500～3000
3000～4000
4000以上

儲蓄額
（萬日圓）

日本的家庭別平均儲蓄額是多少？

上圖是日本總務省在 2018 年發表的 2 人以上家庭的平均儲蓄額（2017
年）的分布情形（出自「家計調查報告 儲蓄 ‧ 負債篇」）。雖然平均數
是「1812 萬日圓」，但是有大多數的家庭（達 67%）是在平均數以下
的。根據儲蓄額的多寡依序排列時，位在全體之正中間位置的家庭儲蓄
額是「1074 萬日圓」，此稱為「中位數」。此外，最多家庭所屬的區間
是「未達 100 萬日圓」，此稱為「眾數」（mode）。平均數、中位數、
眾數等統稱為「代表值」（representative value）。

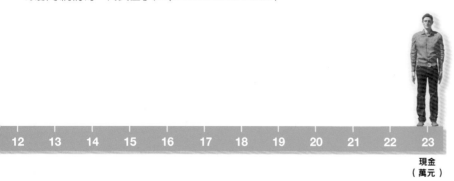

| 12 | 13 | 14 | 15 | 16 | 17 | 18 | 19 | 20 | 21 | 22 | 23 |

現金
（萬元）

只要調查「離散程度」，便能掌握數據的特徵

若僅觀察平均數，談不上已經充分掌握數據特徵。接下來，還應該注意數據的「離散程度」（dispersion）。

以甜甜圈連鎖店為例，比較 A 店與 B 店的甜甜圈，結果如下圖。雖然 A 店和 B 店的甜甜圈的重量平均數皆為 100 公克，並無差別；但是離散的程度看起來卻差很大。

為了調查兩家店的甜甜圈離散程度為何，因此將焦點放在各店的甜甜圈的「離均差（與平均數的差）」（deviation from mean）。離均差可分為「正值」和「負值」，兩者達到平衡的，就是平均數。由於將所有離均差的值相加會等於零，無法成為具意義的指標，因此若將離均差平方之後取平均數的話，即可獲得用以表示離散程度的指標，這就是「變異數」（variation）。計算變異數得到 A 店是 308.5、B 店是 3.8 的結果，由此可知 A 店的離散程度比較大。

表示離散程度的指標還有「標準差」（standard deviation），標準差就是變異數的平方根。A 店的變異數為 308.5，因此標準差為 $\sqrt{308.5} \fallingdotseq 17.56$。B 店的變異數是 3.8，所以其平方根為標準差，答案是 1.96。

127公克　84公克　82公克　126公克

90公克　111公克　100公克　97公克

93公克　118公克　67公克　105公克

A店的甜甜圈
平均數：100公克
變異數：308.5
標準差：17.56

調查甜甜圈的「變異數」與「標準差」

左為 A 店、右為 B 店的甜甜圈。甜甜圈的重量平均數，A店和B店皆為 100 公克，不過我們可以看出兩店的甜甜圈重量離散程度差異很大。將離散程度化為數值，就是「變異數」和「標準差」。求變異數時，必須先計算出各店甜甜圈的重量離均差（與平均數的差）。以 A 店來說，左上的甜甜圈是 127 公克，與平均數（100 公克）有「＋27 公克」的離均差。求出所有甜甜圈的離均差，然後取其平方的平均數，就會得到變異數。再將變異數開根號，就會得到標準差。

　　由於 A 店的變異數為 308.5，標準差為 $\sqrt{308.5} ≒ 17.56$，此意味 A 店的甜甜圈約有 70% 的重量是落在 100 ± 17.56 公克的區間，其餘大約 30% 是落在區間外。B 店的變異數為 3.8，所以標準差為 1.96，這表示 B 店的甜甜圈約有 70% 的重量是落在 100 ± 1.96 公克的狹窄區間。

變異數的計算式

$$變異數 = \frac{數據_1 之離均差^2 + 數據_2 之離均差^2 + \cdots + 最後的數據之離均差^2}{數據個數}$$

標準差的計算式

$$標準差 = \sqrt{變異數}$$

97公克　　99公克　　102公克　　101公克

101公克　　100公克　　99公克　　99公克

103公克　　103公克　　99公克　　97公克

B 店的甜甜圈
平均數：100公克
變異數：3.8
標準差：1.96

計算日本學生偏差值的方法

在 日本，運用學力偏差值可推測繁星推薦的錄取落點，而偏差值是使用前頁介紹的標準差求出的。標準差是表示全體數據（例如大多數考生的分數）之離散程度的指標，而所謂偏差值係指在離散中，某人的分數與平均數往哪個方向偏移多少。

接下來，讓我們利用計算，具體求出日本學生的偏差值。一場有 100 位考生的考試，每一位考生的分數紀錄如下面左圖。平均數是 59 分，變異數（離均差之平方的平均）大約 292.5，標準差（變異數的平方根）為 17.1。

偏差值的計算，具體做法是將每個人的得分減去平均數，得到的數目除以標準差，然後再乘以 10，最後加上 50。例如，在該場考試得 100 分的考生，其分數比平均數高 41 分，因為該數值約是標準差（17.1）的 2.4 倍，所以是 10×2.4 ＝ 24，最後再加上 50，所以偏差值是 74。

在平均數附近的大約 70% 的人，偏差值落在 40 ～ 60 的範圍內。而偏差值在 70 以上的人占全體的 2.3%。

僅 1 人考 100 分。偏差值是多少？

插圖是 100 位考生之 A 考試（左）和 B 考試（右）的結果，以及表示其偏差值分布的條狀圖。又，在平均分數極低的 B 考試中，考 100 分之人的偏差值竟然約達 148。

49 26 58 39 50 57 71 33 31 55
81 57 80 64 75 59 49 59 54 51
62 61 42 95 55 61 65 37 26 37
61 92 68 64 57 87 60 51 34 49
50 67 40 21 71 90 52 78 46 60
51 41 70 76 69 63 25 74 66 78
75 75 29 71 46 58 78 31 82 55
58 74 55 77 60 65 39 62 62 53
89 68 80 41 78 84 70 43 66 (100)
59 45 20 59 44 65 49 74 62 47

A 考試
平均數：59.0 分
變異數：292.5
標準差：17.1

100 分的
偏差值為
74.0

不滿 30 / 30～35 / 35～40 / 40～45 / 45～50 / 50～55 / 55～60 / 60～65 / 65～70 / 70 以上

偏差值分布

「偏差值 200」原理上也是可能的

某分數大於平均分數很多時，偏差值就有可能超過 100。誠如下面例子所示，假設 100 名考生的考試結果，平均分數為 6.41 分，且僅有 1 名考 100 分。而這名考生的偏差值就高達 147.8。若設定類似這樣的極端場合，偏差值高達 200、1000 都是可能的。

不過，我們知道一般考試的分數是依循次頁將要介紹的「常態分布」分布的，因此就現實面來看，極高的偏差值幾乎都落在 80 左右。

偏差值的計算式

$$偏差值 = 50 + 10 \times \frac{得分 - 平均數}{標準差}$$

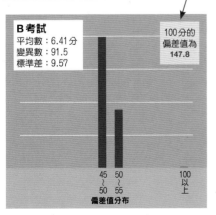

B 考試
平均數：6.41 分
變異數：91.5
標準差：9.57

100 分的偏差值為 **147.8**

偏差值分布

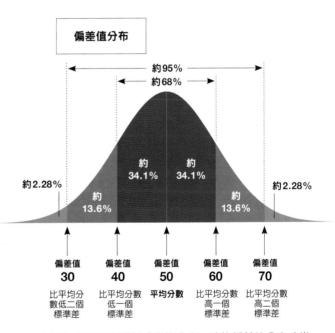

偏差值分布

約 95%
約 68%

約 2.28%
約 34.1%
約 34.1%
約 2.28%
約 13.6%
約 13.6%

偏差值 **30**	偏差值 **40**	偏差值 **50**	偏差值 **60**	偏差值 **70**
比平均分數低二個標準差	比平均分數低一個標準差	**平均分數**	比平均分數高一個標準差	比平均分數高二個標準差

上圖為分數分布遵循「常態分布」時的偏差值分布（常態分布將在次頁說明）。有全體的約 68% 落在偏差值 40 到 60 的範圍內，而全體的大約 95% 落在偏差值 30 到 70 的範圍內。

統計學中最重要，最經常使用的「常態分布」究竟是什麼？

統計學中，「常態分布」（normal distribution）可以說是最重要的工具。為了了解何謂常態分布，我們以考試為例，一起來看看。

有場只用「○」和「×」回答問題，滿分 100 分的考試。所有答案都藉由轉鉛筆來決定的，因此答○的機率為 50％，答×的機率也是 50％。倘若考試的問題僅有 1 題，那麼考 0 分的機率為 50％，考 100 分的機率也是 50％。

當考試題數增加時，結果會變怎樣呢？當考題增為 2 題時，得 0 分的機率為 25％，考 50 分的機率為 50％，考 100 分的機率為 25％。當問題增加到 10 題時，得分的機率如下圖般呈山型。

隨著考題數的逐漸增加，最後會呈右頁般的山型曲線，該曲線稱為「常態分布」（normal distribution）。由於形狀像吊鐘（bell），因此表示常態分布的曲線也被稱為「鐘形曲線」（bell curve）。常態分布指的不是「正常分布或正確分布」，而是「常見的分布」之意。

形成常態分布的方法

以「○」、「×」的形式作答的考試（滿分 100 分），問題只有 2 題時和有 10 題時，所可能得到的分數和機率如下圖所示。隨著考題數的增加，圖形愈趨近於一個圓滑的山型曲線，亦即愈趨近右頁所示之「常態分布」的圖形。

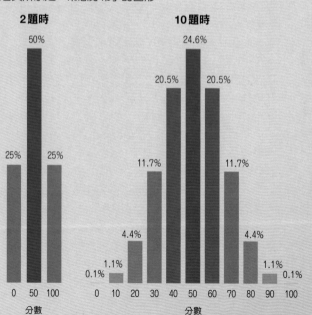

2 題時

- 50%
- 25%
- 25%

分數：0　50　100

10 題時

- 24.6%
- 20.5%　20.5%
- 11.7%　11.7%
- 4.4%　4.4%
- 1.1%　1.1%
- 0.1%　0.1%

分數：0　10　20　30　40　50　60　70　80　90　100

若考題數繼續增加的話……

約 2.28％

專欄
COLUMN

注意到常態分布之重要性的凱特勒

誠如前頁所述，考試的成績一般都遵循常態分布。常態分布出現在自然界和社會各式各樣的數據分布。藉由調查身高、胸圍等人體相關的數據，首度留意到這些數據遵循著常態分布的人，就是有「近代統計學之父」稱號的比利時數學家也是天文學家的凱特勒（Adolphe Quetelet，1796～1874）。

欲使大約全體的 7 成（約 68%）落在「平均數 ± 標準差」範圍內，只有假設常態分布時才符合。

常態分布

常態分布的曲線形狀係依標準差的值而定。標準差愈小，圖形呈尖銳的山型；標準差愈大，則呈圓滑的山型。

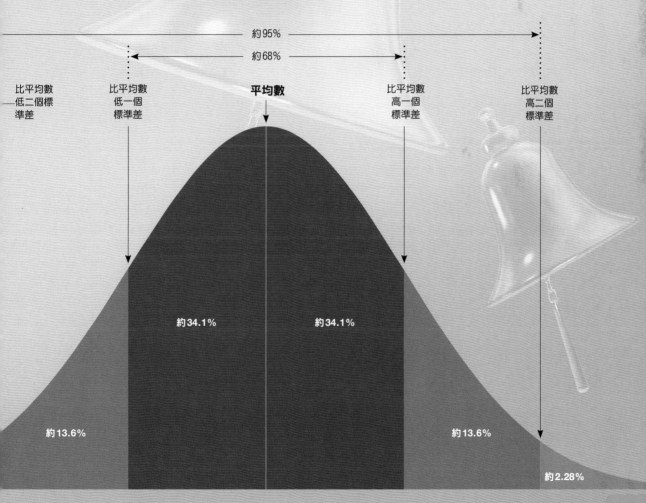

約95%

約68%

| 比平均數低二個標準差 | 比平均數低一個標準差 | 平均數 | 比平均數高一個標準差 | 比平均數高二個標準差 |

約34.1%　　　約34.1%

約13.6%　　　　　　　　約13.6%

約2.28%

若想調查不合格品的比例，需要多少樣本呢？

罐 頭工廠想要知道所生產的罐頭中，不符合品質標準要求之不良品的比例。想要讓調查結果毫無誤差的唯一方法就是將庫存的罐頭全部一個個打開檢查的「全數調查」。但是這樣的調查方式並不符合現實，一般都是希望僅打開調查所需個數的最小值，因此只要打開多少個罐頭就能達到有效調查的結果呢？

從全體（母群體）中僅抽取部分樣本的調查稱為「抽樣調查」（sampling survey）。因為抽樣調查僅調查部分樣本，因此不管調查樣本多寡，都會產生誤差。

抽樣調查中，所調查的樣本數量稱為「樣本數」（sample size），隨著樣本數的增加，誤差會逐漸趨近於零。因此，一旦確定了「可容許的誤差範圍」，就能夠決定所需要的樣本數。右頁下方邊欄所介紹的，就是具體的計算方法。

倘若可容許的誤差要減為（是原來誤差的）10 分之 1 的話，樣本數則需要增加 100 倍。誤差與樣本數的平方根成反比。

何謂抽樣調查？

插圖是從工廠所生產的罐頭中，抽取一部分罐頭，以調查不良品比例的意象圖。抽樣調查適用於像罐頭品質檢查這般，在調查過程中會喪失商品價值者（破壞檢查），或是母群體過於龐大，想要全數檢查極為困難的情形。

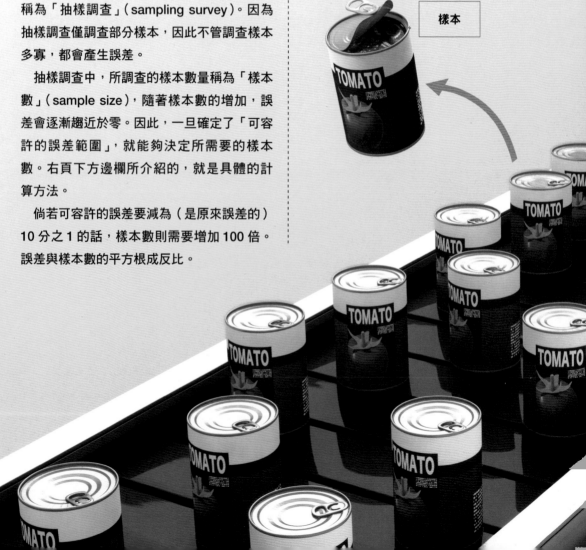

樣本

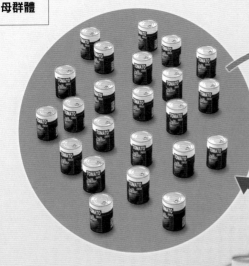

母群體

隨機抽取樣本

樣本

根據樣本推估
母群體的特徵

決定樣本數的方法

由於抽取樣本的方式有可能產生誤差，因此在抽樣調查時，一定會伴隨著誤差，該誤差稱為「抽樣誤差」（sampling error）。假設根據抽樣調查所得到的比例（抽取的罐頭中，不良品所含比例）為 p 時，那麼就可以推估母群體的比例（所有罐頭中所含不良品的比例）就是「$p\pm$ 抽樣誤差」的區間。

假設可容許的抽樣誤差為 2%，我們來求所需的樣本數。雖然 p 是未知數，但是若有前次的調查結果的話，就採用以該值；若是沒有的話，就暫定為 0.5。假設前次的調查結果為 5%，$p = 0.05$ 的話，那麼以下面的計算式可以求出所需的樣本數。

$$樣本數 = \left(\frac{1.96 \times \sqrt{0.05 \times (1-0.05)}}{0.02} \right)^2$$

$$= 456.19$$

由此可知，只要打開 456 個罐頭即可。

所需樣本數的計算式

$$樣本數 = \left(\frac{1.96 \times \sqrt{p(1-p)}}{抽樣誤差} \right)^2$$

信心水準 95%。所謂信心水準（confidence level）是指抽樣能說明母群體之真實情形的程度。

以統計的方法
判斷調查結果的真偽

在　我們的日常生活中到處充斥著宣稱「對健康有益」的食品、運動方法等資訊。接受資訊的人，必須要有能夠洞察資訊真正內涵的能力，在這樣的情況下，統計學成為最佳的工具。

讓我們想像有這樣的調查結果。「每天都有健走運動習慣的人 BMI（請參考左下說明）平均值為 24.1，跟沒有每天健走運動習慣的人的平均值 26.1 相較，低了 2 點。從這種平均值的差來看，有人認為健走運動具有降低 BMI 的效果。這樣的主張是對還是錯呢？

誠如下面所詳述的，儘管二個母群體的平均值有別，但並不表示這是「在統計上具有意義的差」，而能夠就此進行判定的，就是「檢定」（test）。倘若檢定的結果能夠滿足既定基準，那麼就能說「該差在統計上是有意義的」。檢定二個母群體的平均值差是否有意義時，最常使用的是一種稱為「t 檢定」（t-test）的方法。

該差在統計上是否有意義？

有 22 個人每天都有固定健走運動的習慣，另外有 24 人並未每天健走運動，假設這二母群體的 BMI 平均值如插圖所示。而判定這二母群體的平均值差在統計學上是否為具有意義的方法就是 t 檢定。t 檢定的具體計算方法如右頁邊欄所示。在本虛擬的例子中，平均值的差被認定是「在統計學上不具意義的差」。

BMI：數值愈大表示肥胖程度愈高的指標。將體重（公斤）除以身高（公尺）的平方即可算出該值。

| 未達 18.5 | 18.5～未達25 | 25.0～未達30 | 30.0 以上 |

母群體① 每天都有健走運動的人
BMI的平均值：24.1
變異數：15.00
人數：22人

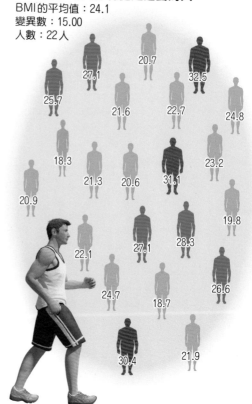

20.7
27.1
32.5
25.7
21.6
22.7
24.8
18.3
23.2
21.3　20.6　31.1
20.9
19.8
22.1　27.1　28.3
24.7
18.7
26.6
30.4　21.9

源自健力士啤酒的 t 檢定

t 檢定是在科學研究、社會調查等領域，最常使用、最一般的檢定方法。t 檢定也被稱為「司徒頓 t 檢定」（Student's t-test）司徒頓（Student）是都柏林健力士啤酒廠（Guinness）的統計學家戈塞（William Sealy Gosset，1876～1937）在發表與 t 檢定相關論文時所使用的筆名。

戈塞在調查啤酒的原料與品質關係的過程中，想出了 t 檢定的方法。當時，已經知道當數據數少於 50 時，數據的分布很難視為常態分布，是很棘手的問題，而戈塞想出的 t 檢定連這樣小的母群體也能使用。t 檢定可以說是解決現實社會之問題的原動力，也是顯示統計學發展的最佳例子。

母群體② 沒有每天都健走運動的人
BMI的平均值：26.1
變異數：18.94
人數：24人

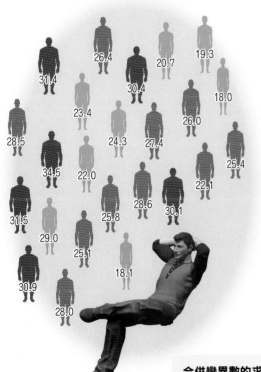

t 檢定

$$t = \frac{\text{母群體①平均值} - \text{母群體②平均值}}{\sqrt{\left(\dfrac{1}{\text{母群體①人數}} + \dfrac{1}{\text{母群體②人數}}\right) \times \text{合併變異數}}}$$

t 若是「比－2小」或是「比＋2大」，平均值的差在統計學上就可以說是有意義的。

t 檢定的方法

首先，求表示將二個母群體之變異數合為一的「合併變異數」（pooled variance）。合併變異數可從二個母群體的人數和變異數，利用下面的式子求出。

使用求出的合併變異數，求出稱為 t 的值。使用左邊所示的數據資料，實際求合併變異數。

$$\text{合併變異數} = \frac{(22-1) \times 15.00 + (24-1) \times 18.94}{22 + 24 - 2}$$

$$\approx 17.06$$

使用合併變異數 17.06 求 t，

$$t = \frac{24.1 - 26.1}{\sqrt{\left(\dfrac{1}{22} + \dfrac{1}{24}\right) \times 17.06}}$$

$$\approx -1.65$$

結果得到的 t 落在統計學上不認為有意義的－2到＋2的範圍內。因此，t 檢定的結果被認定是「該平均值的差不能說是統計學上具有意義的差」。

合併變異數的求法

合併變異數

$$= \frac{(\text{母群體①人數}-1) \times \text{母群體①變異數} + (\text{母群體②人數}-1) \times \text{母群體②變異數}}{\text{母群體①人數} + \text{母群體②人數} - 2}$$

請注意相關性的「陷阱」！

調查是具「相關性」（correlation）是統計學基本中的基本。譬如，某學年的學生身高愈高，可看到有體重愈重的傾向。像這樣，當我們注意二個量，發現其中一方增加，另一方也跟著增加時，我們可以說這二個量間有「正相關」（positive correlation）的關係。相反地，隨著一方的增加，另一方減少時，這二個量之間有「負相關」（negative correlation）。倘若彼此間沒有任何傾向則稱為「無相關」。

欲知二個量之間是否相關時，必須求出稱為

「相關係數」（correlation coefficient）的指標，相關係數為從 1 到 － 1 的值。愈接近 1，正相關愈強，愈接近 － 1，表示負相關愈強。當接近 0 時，可判斷為無相關。

不過，即使相關，也不代表彼此有因果關係。2012 年探討「巧克力消費量與諾貝爾獎得主數量之間的關係」的調查結果蔚為話題。從調查結果來看，研究者認為巧克力可提高腦功能，然而也有「愈富裕的國家愈有能力消費巧克力，而且教育程度也較高」的可能性，必須特別注意。

下面是具有小學生之身高（x 公分）、體重（y 公斤）這二個量的 9 個數據分布圖。針對所有的數據，首先分別求出 x 與 y 的離均差（與平均值的差），然後藉此求出相關係數，結果得到 0.77 的值。右為正相關、負相關、無相關的例子。

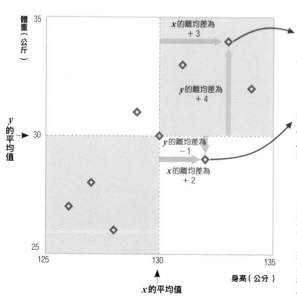

數據 1：$x = 133$，$y = 34$
x 的離均差 133 － 130 ＝＋3
y 的離均差 34 － 30 ＝＋4
兩者的積為（＋3）×（＋4）＝ **12**

數據 2：$x = 132$，$y = 29$
x 的離均差 132 － 130 ＝＋2
y 的離均差 29 － 30 ＝－1
兩者的積為（＋2）×（－1）＝ **－2**

針對所有的數據，求出「x 之離均差與 y 之離均差的積」，取其平均值即為「共變異數」（covariance）。在左邊的數據中，共變異數為 5.1，將之以 x 的標準差 2.58 和 y 的標準差 2.58 去除，則得到相關係數 **0.77** 的結果。

正相關

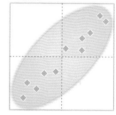

負相關

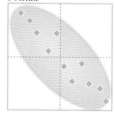

無相關

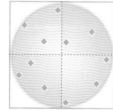

巧克力消費量與諾貝爾獎的關係

下圖是美國哥倫比亞大學的研究者在 2012 年所分析，依國別的巧克力消費量與諾貝爾獎得主人數的關係。從圖形可以看到有往右上方揚升的趨勢，再加上相關係數高達 0.791，因此兩者看起來有正相關。不過，僅憑該結果不能判斷說兩者有因果關係。因為若有類似「國家富裕」這類的第三要因存在，就必須檢討「巧克力等嗜好品的消費」、「教育、研究之預算與質」兩者提升的可能性。

資料來源：F. H. Messerli（2012）Chocolate Consumption, Cognitive Function, and Nobel Laureates. *N Engl J Med*

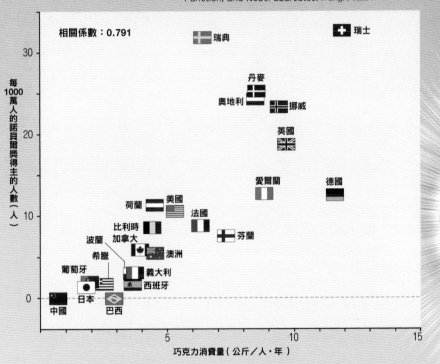

共變異數的求法

共變異數＝（ 數據₁之 *x* 的離均差 × 數據₁之 *y* 的離均差
　　　　　＋數據₂之 *x* 的離均差 × 數據₂之 *y* 的離均差
　　　　　⋮　　　⋮
　　　　　＋數據 *n* 之 *x* 的離均差 × 數據 *n* 之 *y* 的離均差 ）× $\dfrac{1}{n}$

相關係數的求法

$$相關係數 = \dfrac{共變異數}{x\,的標準差 \times y\,的標準差}$$

求條件機率的
統計學

使用條件機率重新計算機率，試圖提高預測之精準度的，稱為貝氏統計（Bayesian statistics，也稱貝氏推估法）。

貝氏統計在近年來受到相當的矚目。例如，它也運用在自動辨別出垃圾郵件等方面。為了讓各位對辨別垃圾郵件有所了解，現在讓我們再想想另外一個問題。

「這裡有 A、B 二個箱子，A 箱中有 4 個紅球和 2 個藍球；B 箱中有 2 個紅球和 4 個藍球。以 $\frac{1}{2}$ 的機率隨機選擇 A 箱或 B 箱（這時並不知道選擇的是哪個箱子），取出 1 個球來，取出的球是紅色。請問，一開始選擇 A 箱的機率是多少？」

> 取出的球是紅球時，該球是從 A 箱中取出的機率是多少？

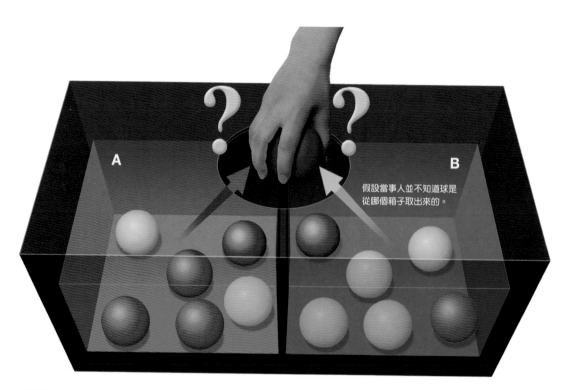

假設當事人並不知道球是從哪個箱子取出來的。

本題所求的是在取出紅球的條件下，取球前選擇 A 箱的機率為多少？答案為 $\frac{2}{3}$。將所要求的機率設定為 P（A｜紅）。根據條件機率的公式 P（A｜紅）$= \frac{P(A \cap 紅)}{P(紅)}$。P（紅）為選擇 A 箱從中取出紅球的情形（$\frac{1}{2} \times \frac{4}{6}$）和選擇 B 箱從中取出紅球的情形（$\frac{1}{2} \times \frac{4}{6}$）相加。經過計算，P（紅）$= (\frac{1}{2} \times \frac{4}{6}) + (\frac{1}{2} \times \frac{2}{6}) = \frac{1}{2}$。此外，P（A ∩ 紅）為選擇 A 箱且從中取出紅球的機率。經過計算 P（A ∩ 紅）$= \frac{1}{2} \times \frac{4}{6} = \frac{1}{3}$。將這些代入公式，P（A｜紅）$= \frac{P(A \cap 紅)}{P(紅)} = \frac{2}{3}$。

答案是 $\frac{2}{3}$。在還未見到球的顏色之前，從哪個箱中取出的機率均為 $\frac{1}{2}$。由於又加上「球是紅色」這樣的資訊，因此機率就變成 $\frac{2}{3}$（利用條件機率的求法請參考左頁下方說明）。而直覺上應該也很容易理解，球從原本紅球比例高的 A 箱中取出的機率應該會高一些。

辨別垃圾郵件
也是靠貝氏統計

接下來，我們來看看將此想法運用在辨別垃圾郵件的情形。跟球的問題一樣，想想這裡有 A、B 二個箱子。假設 A 箱為「垃圾郵件寄件人的語彙箱」、B 箱為「一般寄件人的語彙箱」。當電腦接收到郵件時，就會檢索郵件內所使用的語彙。根據過去的郵件資料，事前計算出各語彙的「危險率」，判斷是否為垃圾郵件經常使用的語彙。傳送過來的郵件中，使用「危險率」高的語彙越多，該郵件從 A 箱送出的可能性就越高。

像這樣，每個語彙都經過這樣的計算，再加以總計，就可以算出該郵件是垃圾郵件的機率（從 A 箱發送出來的機率）。經過計算所算出之「垃圾郵件機率」超過基準值的話，該郵件就會自動被判定為垃圾郵件區分開來。

當郵件中，使用很多高「危險度」的語彙時，
寄送該郵件的是垃圾郵件業者的機率是多少？

將垃圾郵件的自動辨別機制想像成上面的紅球、藍球問題。A 箱為垃圾郵件之寄件人使用之語彙箱，箱中放有非常多的語彙。從過去的郵件資料中，整理出各語彙的使用程度，表示垃圾郵件使用機率多寡的稱為「危險度」。在此為了方便起見，將危險度高的語彙以紅球、危險度低的以藍球來表示。A 箱中的語彙，紅球（危險度高的語彙）的比例較高；B 箱為一般信件之寄件人常用的語彙箱，其中以藍球（危險度低的語彙）的比例較高。

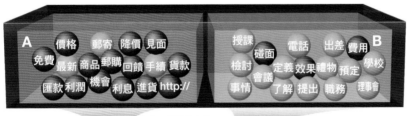

郵件會使用哪個箱中的
語彙來寫呢？不知道！

在打開郵件之前，電腦自動檢索郵件中所使用的語彙。

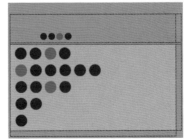

各語彙之「危險度」此條件逐漸增加，就可以根據機率論計算出該郵件的整體語彙是出自 A 箱或是 B 箱。當來自 A 箱的語彙機率（垃圾郵件的機率）超過設定值時，電腦就會自動判斷為垃圾郵件。

COLUMN

貝氏統計
讓人工智慧有長足的發展

機率、統計，例如：「骰子6個點數出現的機率」、「甜甜圈之大小的離散程度」等，全都是基於客觀的事實和數據推導出來，並未摻入個人的經驗和意見等。

另一方面，貝氏統計則是將數據所沒有呈現之「人主觀的預測」當成資訊予以活用。這一點可說是貝氏統計跟傳統型的統計學有所不同的最大特徵，也是優點。

從「暫時設定的機率」開始也 OK

所謂活用主觀的預測，讓我們以貴公司新進的男性職員為例，聽說他的故鄉在日本九州，那麼他的籍貫就是福岡、佐賀、長崎、熊本、大分、宮崎、鹿兒島 7 縣中的一縣。因此，他的籍貫是福岡縣的機率為 7 分之 1。

其後，當問到「你喜歡的職棒是哪一隊？」時，他的回答是：「我從小到大就一直支持福岡軟銀鷹」，那麼他是福岡人的機率又提高一些。如果進一步問：「你喜歡吃什麼拉麵？」等，經過個提問之後，應該就能以很高的機率正確推論出他的籍貫。

貝氏統計有個「不充分理由原則」（principle of insufficient reason），亦即若沒有其他有根據的數據，就只能視為消極的數據，是主觀性的預測。在上面的例子中，一開始假設籍貫是福岡縣的機率為 7 分之 1，這樣的推論與統計的機率是相當的。若再加上福岡是九州人口最多的縣，那麼設定更高一點的機率也無妨。

因為是根據後來追加的資訊（條件）更新機率，使之趨近於正確，所以最初設定的機率不是那麼精確也無所謂——採取這樣具彈性想法的，就是貝氏統計。

人工智慧是藉統計和機率來運作的

貝氏統計之父——貝葉斯

貝氏統計的「貝氏」源自推導出「貝氏定理」的 18 世紀英國數學家貝葉斯（Thomas Bayes，1702 ～ 1761）。貝氏統計最近幾年頗受矚目，但事實上它是在 250 多年前就已經誕生的學問。

貝氏的本職是長老教會的牧師，但是他對數學的研究卻絕非僅只於興趣，他在 1742 年成為英國皇家學會會員，由此可知他從事的是高深的數學研究。

貝葉斯牧師的研究成果在其過世之後，才由他的朋友發表出來，而為世人所知。法國的數學家拉普拉斯（Pierre-Simon marquis de Laplace，1749 ～ 1827）注意到貝氏的理論，整理出從結果推出原因機率的「逆機率」（inverse probability）理論，形成現在我們所看到的「貝氏定理」的形式。

貝氏統計中，因為會將「主觀」視為資訊來使用，具有曖昧性，因此被傳統的統計學研究者認為是「欠缺嚴謹性的數學」，而遭到強烈的非難。意會到這樣的曖昧性具有可廣範圍應用的優點，則是邁入 20 世紀以後的事了。今天，貝氏統計被視為「新」統計學，乃經過上述這樣的歷史過程。

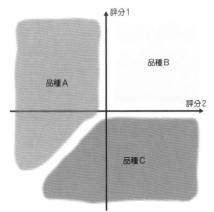

利用貝氏統計從花形差異指定品種

判別圖像中的人臉、文字等的圖像辨識，可說是現在的 AI 最擅長的領域之一。在使用貝氏統計辨識「形狀」的例子方面，目前已知的有指定鳶尾花（左邊照片）的品種。

有關指定鳶尾花的三個品種，乃是先收集與花瓣的形狀等相關資訊（花萼、花瓣的長度和寬度），再據此取得「若是該品種的話，花瓣呈此種形狀的機率高」等資訊。若使用該資訊，相反地就能判別「若是這種形狀的花瓣的話，哪種品種的機率高呢？」

右邊圖表是使用從花形推導出的 2 種評分，以模式化方式表示三種品種配置在圖表上的結果。根據品種區分區域，而能使用評分判別品種。

從症狀指定疾病

醫生會詢問病人有無「發燒」、「頭痛」等症狀，指定出導致這些病因的疾病。不過，導致頭痛的原因有很多，到底是撞到頭呢？還是感冒？或者是腦腫瘤呢？

大量收集「感冒引發喉嚨發炎的機率」等「原因→結果」（因果關係）的例子，然後彙整這些資料，就能建構出右圖所示之各種疾病（原因）與症狀（結果）交織成的網路。

使用該網路（稱為「貝氏網路」（Bayesian network））即可從症狀回溯，具體計算出所認為之原因（疾病）的機率。該手法也可應用在輔助疾病診斷的 AI，診斷機械故障之原因的 AI 等方面。

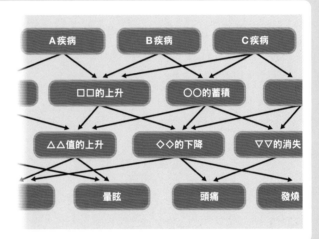

對於不太清楚的資訊，先設定一個暫時的值，其後再逐步修正的想法與人類的感覺相近。接近人類感覺的貝氏統計跟模仿人類智慧的 AI（人工智慧）當然是非常速配的。舉例來說，貝氏統計就能應用在進行「形狀辨別」、「病名診斷」的 AI 上面（詳情請看本頁上方說明）。

近年來 AI 有顯著的進化，能在圍棋、日本象棋（將棋）方面打敗人類、又能從病理圖像中正確發現癌細胞、更能與人類自然對話等。現實中能從事各式各樣任務的 AI，究其根本，可以說就是根據統計學和機率論進行「判斷」和「分類」的電腦程式罷了。

此外，AI 具有利用「學習」大量的資料，提高判斷和分類的精確度（最適化），而變「聰明」的特徵。藉由追加資料而使原因機率變得更正確的貝氏統計可以說是極易應用於 AI 的統計學手法。

貝氏統計的應用範圍無限擴張

貝氏統計是僅以「貝氏定理」（Bayes theorem）為出發點而擴展開來的學問。貝氏統計誕生於 18 世紀，不過一直到 20 世紀人們才終於認識其重要性（歷史經緯請看左頁下方邊欄）。邁入 21 世紀之後，貝氏統計以 AI 為首，應用範圍急速擴展到數學、經濟學、醫學、心理學等領域。

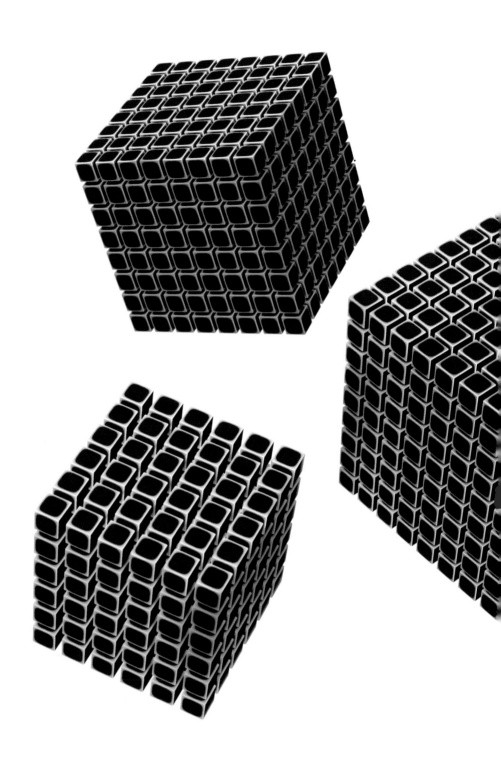

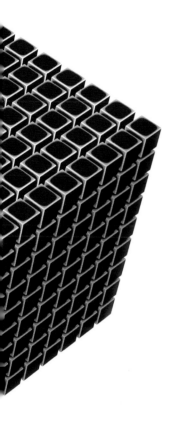

8

數學難題

Math difficulties

可用四種顏色著出 同色不相鄰的地圖嗎？

在此介紹「地圖著色」的知名問題。1852 年，英國的古斯里（Francis Guthrie， 1831 ～ 1899）在相同顏色不相鄰的原則下， 為地圖上各行政區著色時，發現了一個問題。

該問題是：「要將邊線相鄰的數個國家著色， 需要 4 色才足以區分不同國家，但會不會有些 地圖可能需要 5 色以上？」此問題被稱為「四 色問題」（four color problem），曾經是很難 用數學予以證明的難題。

像下圖這種正中央有個圓洞的甜甜圈狀圖形 稱為「環面（或稱環體）」（torus）。如果是在 環面上畫地圖的話，就需要 7 色才能區分不 同的國家。但很意外地，環面地圖需要 7 色 才能區分反而比相對單純的平面或球面的 4 色 更早被證明出來。此後，在所有種類的圖形上 繪製地圖各需要幾種顏色都已被一一證明。唯 獨看似最單純的平面與球面始終無法證明。

於是到了 1976 年，美國數學家阿佩爾 （Kenneth Ira Appel，1932 ～ 2013）與德國 數學家哈肯（Wolfgang Haken，1928 ～）利 用電腦證明了四色問題。距古斯里發現這個問 題已過了足足 124 年。

環面

甜甜圈狀的環面（環體）是平面捲成筒狀，兩端相連所構成。但是跟繪 在平面上的地圖不同，在以不同顏色塗抹繪在環面上的地圖時，如下圖 所示，必須使用 7 色才行。

用於區分地區的7種顏色

英國・大不列顛島

以 4 色分塗英國的大不列顛島（Great Britain）的地圖。平面可以彎曲成球面，而球面也可以在某處開 1 小孔並拉伸成平面，所以若平面上（左）的地圖著 4 色就足夠的話，繪於球面上（下）的地圖也同樣用 4 色就足夠。四色問題看似很容易理解，但要證明它卻是非常困難。

用於區分地區的 4 種顏色

360年來一直困擾著數學家的世紀難題

3世紀羅馬時代的數學家丟番圖（Diophantus of Alexandria，生卒年不詳）將當時已知的數學問題彙整成《數論（也稱算術學）》（Arithmetica）一書。《數論》被翻譯成拉丁文，於1621年在歐洲出版。有個讀者看到此書欣喜若狂，這人就是法國的數學家費馬（Pierre de Fermat，1607～1665）。

費馬定睛在《數論》上記載著「滿足 $X^2+Y^2=Z^2$ 的正整數解」，亦即畢達哥拉斯數的內容上面。同時他思考若將「$X^2+Y^2=Z^2$ 的2次方再擴張為3次方、4次方，結果會怎樣呢？」有批註習慣的費馬，在《數論》的許多頁中留下批註。次頁上方圖片就是其中一例，內容如下。

「有關3以上的整數 n，$X^n+Y^n=Z^n$ 不存在任何一組正整數解。我確信我發現一種令人吃驚的證法，可惜這裡的空白處太小寫不下。」

費馬過世之後，他的兒子追加這些批註的內容，於1670年將《數論》再版。這就是舉世皆知，困擾後代許許多多數學家的「費馬最後定理」。

費馬

> 有滿足「$X^3+Y^3=Z^3$」的正整數解 X、Y、Z 嗎？

6的3次方是216，8的3次方是512，兩者的合計為728，9的3次方為729，因此還不足1。換句話說，$X=6$、$Y=8$、$Z=9$ 並無法滿足算式「$X^3+Y^3=Z^3$」（請參考右頁插圖）。那麼，是否有滿足該算式的正整數解呢？所謂「費馬最後定理」就是「不存在任何滿足該條件的正整數解」的定理。在算式中的3次方改成4次方以上時，該定理依然成立。

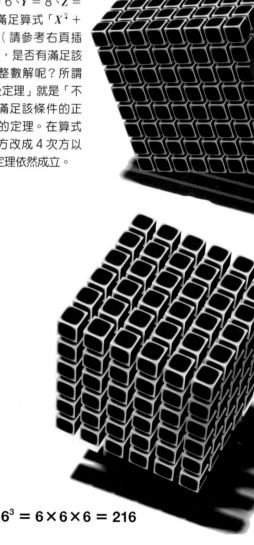

$$8^3 = 8 \times 8 \times 8 = 512$$

$$6^3 = 6 \times 6 \times 6 = 216$$

費馬留下來的批註

費馬在《數論》頁邊空白處寫下右邊所示的批註內容。該內容若使用現代的數學符號，可表示成「滿足 $X^n+Y^n=Z^n$（n 為 3 以上的整數）的正整數組 X、Y、Z 並不存在」，該定理稱為「費馬最後定理」。之所以稱為「最後定理」，是因為費馬寫在《數論》的多個定理中，僅有該定理最終未能得到證明。一般認為費馬留下該段批註內容的時間應該是 1637 年左右。

「$6^3+8^3=9^3$」成立嗎？
（事實上並不成立）

插圖所繪為《數論》頁邊空白處，費馬手寫之批註內容的想像圖。

費馬的批註原文（拉丁文）

*Cubum autem in duos cubos,
aut quadratoquadratum in duos
quadratoquadratos, et generaliter nullam
in infinitum ultra quadratum potestatem in
duos eiusdem nominis fas est dividere cuius
rei demonstrationem mirabilem sane detexi.
Hanc marginis exiguitas non caperet.*

（中文翻譯）

立方數無法寫成兩個立方數的和，4 次方數也無法寫成兩個 4 次方數的和。一般而言，一個指數大於 2 的次方數無法寫成兩個次方數的和。關於此，我確信我發現一個很厲害的證明方法，可惜頁邊的空白處太小，寫不下。

費馬最後定理

有關3以上的整數 n，滿足 $X^n+Y^n=Z^n$ 的正整數組並不存在。

$$X^n + Y^n = Z^n$$
$$(n \geq 3)$$

歷經360年，
最後定理終於獲得證明

歷代以來，許多數學家都戮力挑戰費馬最後定理，打開首個突破口的是 18 世紀的數學家歐拉。歐拉證明了 $n=3$ 的費馬最後定理，亦即「滿足 $X^3 + Y^3 = Z^3$ 的正整數組並不存在」。

邁入 19 世紀，法國科學院懸賞獎金 3000 法郎給任何解決費馬最後定理的人。後來，終於有數學家成功證明 $n=5$、$n=7$ 的情況成立。但是 n 為無限則一直都未能獲得證明。

專注於「n 為質數」的庫默爾

其實，$n=6$ 的情況不需要證明。因為正整數的 6 次方可表示為「（正整數的 2 次方）的 3 次方」，可改寫成歐拉已經證明的 $n=3$ 的形式。此事意味著只要證明「n 為質數」的情況成立，就足以證明費馬最後定理了。

德國的數學家庫默爾於 1850 年證明了當 n 不為特殊的質數（非規則質數）時，不論 n 為多大的質數，費馬最後定理都會成立。所謂特殊的質數是質數中的「少數派」，例如 100 以下的特殊的質數只有 37、59、67 等 3 個。雖然庫默爾的證明稱不上完全證明，但比起只個別證明了幾個 n 的情況，已是一大進展。法國科學院認同這個證明的重要性，贈予了庫默爾 3000 法郎的懸賞金。

其後，在沒有任何進展下，迎來了 20 世紀。1908 年，德國的資本家為費馬最後定理懸賞 10 萬馬克，期限為 100 年，設定 2007 年要解決該數學難題。之後，全世界有無數名的業餘數學家投稿聲稱「已解決」費馬最後定理，但那些證明全都有錯誤。

被費馬最後定理
深深吸引的少年

1963 年，英國劍橋的圖書館內有名 10 歲的少年正在閱讀 E.T. 貝爾著作的《The Last Problem》（最後的問題），他看見書中提到的未解數學問題。只將畢式定理的平方推廣成 3 次方的「費馬最後定理」，連 10 歲的少年都看得懂，如此簡單的公式居然經歷 300 多年仍未被解決，這件事深深吸引了少年。這位少年，正是於 1995 年完全解決費馬最後定理的懷爾斯（Andrew John Wiles，1953～）。

歐拉（Leonhard Euler，1707～1783）		費馬（Pierre de Fermat，1607～1665）	
證明 $X^3 + Y^3 = Z^3$	不存在任何 X、Y、Z 的正整數解	證明 $X^4 + Y^4 = Z^4$	不存在任何 X、Y、Z 的正整數解
狄利克雷（Peter Dirichlet，1805～1859）		拉梅（Gabriel Lamé，1795～1870）	庫默爾（Ernst Eduard Kummer，1810～1893）
證明 $X^5 + Y^5 = Z^5$	不存在任何 X、Y、Z 的正整數解	證明 $X^7 + Y^7 = Z^7$　不存在任何 X、Y、Z 的正整數解	證明 n 為「規則質數」的費馬最後定理成立

大學畢業後的懷爾斯成為1位研究「橢圓曲線」（如右圖）問題的數學家。他於1980年移居美國，並任教於普林斯頓大學，在1984年的1場研討會上，他獲得非常重要的靈感。德國的數學家弗萊（Gerhard Frey，1944～）在研討會上表示：「若能證明『谷山-志村猜想』正確，就應該能證明費馬最後定理正確。」

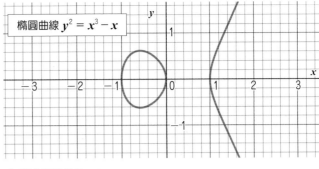

橢圓曲線 $y^2 = x^3 - x$

何謂「橢圓曲線」？
上圖為橢圓曲線的範例。一般定義為 $y^2 = x^3 + ax + b$，當等號右邊＝0時沒有重根，就稱為橢圓曲線。「橢圓」的名稱來自歷史緣由，與橢圓毫無關係。

日本數學家發明的猜想是實現夢想的橋梁

「谷山-志村猜想」是20世紀後半葉數學界熱門研究的猜想。日本數學家谷山豐（1927～1958）與志村五郎（1930～2019）研究的是名為「黎曼ζ函數」（Riemann zeta function）的特殊函數問題。ζ函數是德國數學家黎曼（Bernhard Riemann，1826～1866）以18世紀歐拉發現的關係式「歐拉乘積」為基礎，所定義的函數。

黎曼ζ函數是根據橢圓曲線所定義而來的。所以推測這樣的ζ函數都應具有「我們所期望的特性」[※]。最早發表這個猜想的谷山與志村認為，在諸多曲線中，至少橢圓曲線是具有這項特性的。

對一直在研究「橢圓曲線」的懷爾斯而言，弗萊的想法無疑就是他實現10歲時所許下的解決費馬最後定理夢想的「橋梁」。

懷爾斯圓夢的心路歷程

懷爾斯決定要認真地證明費馬最後定理。他證明的步驟如下。

一開始先假設「費馬最後定理不成立」。再藉由其推導結果所產生的矛盾來表示當初的假設有誤。換句話說，就是證明「費馬最後定理成立」的意思。這種證明方法就是高中數學所學過的「反證法」。

倘若費馬最後定理不成立，那麼 $A^n + B^n = C^n$（$n≥3$）有正整數解。而弗萊將費馬最後定理中的 A^n 和 B^n 定義成橢圓曲線（弗萊橢圓曲線），數學式為「$y^2 = x(x - A^n)(x + B^n)$」。而谷山-志村猜想所認為的「定義自橢圓曲線的ζ函數應該會具有我們所期望的特性」正確的話，定義自弗萊橢圓曲線的ζ函數也應該具有同樣的特性。

但是，這裡產生了矛盾。因為美國的數學家黎貝（Kenneth Alan Ribet，1947～）已於1986年證明定義自弗萊橢圓曲線的ζ函數不具有「我們所期望的特性」。這和最初的假設，即「費馬最後定理不成立」互相矛盾，換句話說，就是代表「費馬最後定理成立」。

費馬最後定理終被解決

要證明這個理論成立，就必須要證明「谷山-志村猜想正確」。懷爾斯自1986年左右起，就停下手邊其他研究，一心一意地開始著手證明谷山-志村猜想。1990年代於普林斯頓大學工作，並且與懷爾斯共事的小山教授表示如下。

懷爾斯對於他在證明費馬最後定理的事保密到家。孤軍奮戰的結果，懷爾斯終於證明了谷山-志村猜想。雖然只證明了部分的谷山-志村猜想，不過已足夠議論弗萊橢圓曲線的理論了。然後懷爾斯於1993年來到他的故鄉英國，並在劍橋的1場研討會上宣布他已完全證明了費馬最後定理。雖然他最初的證明版本有誤，不過後來已修正，並於1995年通過審核無誤。歷經360年的時間，費馬於17世紀所寫下的最後定理，在這一瞬間已宣告解決。

※：所謂「我們所期望的特性」係指「自守形式的黎曼ζ函數所具有的特性」。

經歷100年的未解問題 龐加萊猜想

2006 年，由美國克雷數學研究所（Clay Mathematics Institute，簡稱 CMI）懸賞 100 萬美元的「千禧年大獎難題」之一的「龐加萊猜想」（Poincaré conjecture），終於獲得證明。

「龐加萊猜想」是 1904 年由法國數學家龐加萊（Jules Henri Poincaré，1854 ～ 1912）所提出與拓樸學相關的猜想，而最終證明該猜想的俄羅斯數學家裴瑞爾曼（Grigori Yakovlevich Perelman，1966 ～）拒絕接受千禧年大獎難題的 100 萬美元獎金也蔚為話題。

以文字來描述龐加萊猜想的話，就是「任一單連通的、封閉的 3 維流形與 3 維球面同胚」（Every simply connected, closed 3-manifold is homeomorphic to the 3-sphere.），這是個難度很高的問題，我們簡單介紹一下。

因為描述文中提到「同胚」（homeomorphism），由此可知該猜想是基於拓樸學想法來談兩個物體「形狀相同」的問題。在此，我們先了解「單連通的、封閉的 3 維流形」與「3 維球面」是什麼概念。

我們肉眼所見的世界是由長、寬、高所構成的「3 維世界」，因此很容易產生誤解，其實「封閉的 3 維流形」和「3 維球面」指的是位在更高維度之空間內的物體。再者，3 維物體的表面稱為「2 維閉流形」（closed 2-manifold）。這是因為看起來是 3 維的物體，皆可想成是由 2 維的面（表面）所包覆（封閉）而成。另外，由此想法可推知球體的「表面」稱為「2 維球面」。

若將龐加萊猜想的維度置換成「2 維」以便於表現的話，那麼「沒有空洞（單連通）之立體的表面可以說是與球面的形狀相同（同胚）」，這樣的轉換是很理所當然的。龐加萊猜想係指即使在更高維度的世界，情況也可說是與此相同的猜想。

高維立方體呈何種形狀？

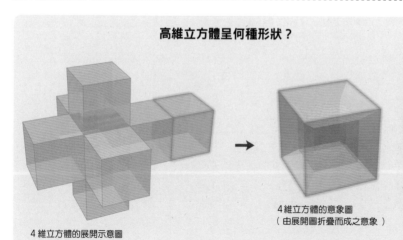

4 維立方體的展開示意圖

4 維立方體的意象圖
（由展開圖折疊而成之意象）

左邊二個插圖是將 4 維立方體及其展開圖以 3 維來表現的示意圖。一般的 3 維立方體的展開圖可以繪成平面。根據這樣的想法，4 維立方體的展開圖就如左圖所示，可繪成是由 3 維立方體組合而成。

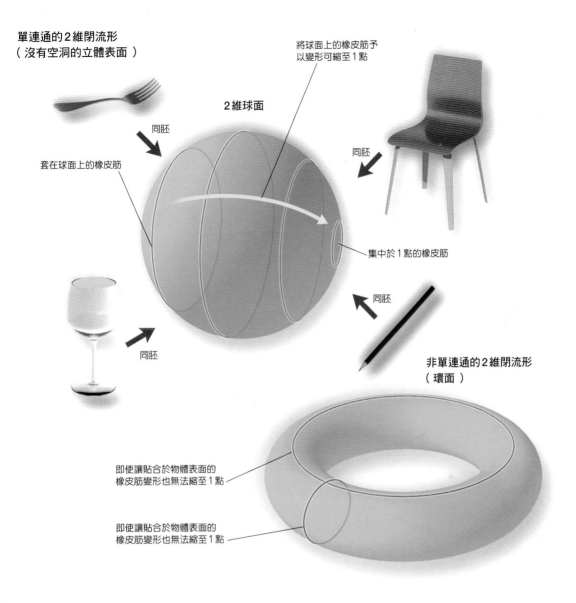

單連通的2維閉流形
（沒有空洞的立體表面）

將球面上的橡皮筋予
以變形可縮至1點

2維球面

同胚

套在球面上的橡皮筋

同胚

集中於1點的橡皮筋

同胚

同胚

非單連通的2維閉流形
（環面）

即使讓貼合於物體表面的
橡皮筋變形也無法縮至1點

即使讓貼合於物體表面的
橡皮筋變形也無法縮至1點

若降低維度就變得很理所當然──何謂龐加萊猜想？

在龐加萊猜想中，「單連通」這個詞非常關鍵。所謂單連通相當於「沒有空洞」。

舉例來說，球的表面就是單連通。在此，將橡皮筋套在球面上，由於橡皮筋可以自由伸縮，因此橡皮筋能縮小至球表面的1點。倘若在立體表面的所有場所也辦得到這事，那麼該立體的表面也可說是「單連通」。

另一方面，套於像甜甜圈這樣中間有空洞之立體表面的橡皮筋，情形又是如何的呢？橡皮筋因為受到孔洞妨礙，不管怎麼伸縮變形，都無法縮小至甜甜圈表面上的1點。換句話說，甜甜圈的表面不是單連通。

4 以上的偶數皆可用二個質數的和來表示嗎？

有個與質數相關的未解問題，其內容為「任一大於 4 的偶數，都可表示成兩個質數之和」。這是德國的數學家哥德巴赫（Christian Goldbach，1690 ～ 1764）所提出的猜想，因此稱為「哥德巴赫猜想」（Goldbach's conjecture）。

讓我們以較小的偶數來確認這個猜想吧！右表所示為二個質數相加所得到的數。最上面的橫列和最左邊的縱行所排列的是質數（不過，左下半部和右上半部的空白部分，其實也是兩質數相加，但是因為所得的數為奇數，故在此略而不表）。

舉例來說，左邊的 3 與上面的 5 相交之處為 8（8 ＝ 5 ＋ 3）。另外，像 4 ＝ 2 ＋ 2、6 ＝ 3 ＋ 3、10 ＝ 7 ＋ 3 ＝ 5 ＋ 5、12 ＝ 5 ＋ 7……，的確是可以用二個質數相加來表示。在此表中，4 以上到 36 止的偶數全都出現了。

現在，使用電腦已經確認至 4×10^{18} 之前的所有偶數都符合猜想。然而，「無窮多的偶數中沒有任何一個例外嗎？」這個問題目前尚未得到證明。

	2	3
2	4	
3		6
5		
7		
11		
13		
17		
⋮		

5	7	11	13	17	19	...
8	10	14	16	20	22	...
0	12	16	18	22	24	...
	14	18	20	24	26	...
		22	24	28	30	...
			26	30	32	...
				34	36	...
				...	...	

解決就能獲得100萬美元！
——黎曼猜想

最著名的 ζ 函數未解問題就是被喻為現代數學最大難題的「黎曼猜想」（Riemann hypothesis）。命名自黎曼的黎曼 ζ 函數自 1895 年發表以來，已懸宕將近 160 年未解。

想要理解黎曼 ζ 函數需要稍微高階的數學知識。黎曼 ζ 函數是用來處理普通的「實數」加上虛數所組合成的「複數」。而且黎曼猜想是指「使黎曼 ζ 函數的值為 0 的複數 s（但不為負的偶數），其實數部分恆為 $\frac{1}{2}$。」黎曼 ζ 函數的值為 0 的複數至今為止約已找到 10 兆個，且全都符合黎曼猜想。

據說若證明這個猜想正確，即將可了解看似神出鬼沒的質數，實際上是基於什麼樣的規則而出現。懷爾斯對這件事的看法是：「在解開黎曼猜想之後，我們才有可能製作航海圖，調查位在迷霧彼端廣袤浩瀚的『數海』。然後到那時，我們才得以對自然的數展開理解。」

黎曼猜想為為美國克雷數學研究所於 2000 年公布的 7 題「千禧年大獎難題」之一，並提供破解者 100 萬美元的懸賞獎金。2018 年 9 月，有研究者宣稱「已解決黎曼猜想」，但其真偽為何目前尚不清楚。

歐拉

（1707～1783）

瑞士的數學家暨物理學家。歐拉所執筆的論文數量十分可觀，目前雖已發行超過90卷的《全集》，但尚未完結。

可用無窮加法來表示的質數

在質數研究的進展上有位居功厥偉的數學家，這人就是歐拉。歐拉致力於研究當時無法解決的難題：「將所有的自然數 2 次方，然後將這些的倒數無限相加，最後答案會是多少？」

所謂倒數，2 的倒數就是 $\frac{1}{2}$、10 的倒數就是 $\frac{1}{10}$，也就是以該數為分母，1 為分子的數。而歐拉在這部分的研究中，有了如下的發現。也就是將該無限的加法予以變形的話，就會變成是可用所有質數來表示的無窮乘法。下面式子是歐拉所發現，連結正整數和質數的算式。質數以紅色字來表示。

歐拉還研究將該關係式更進一步發展的算式，該算式稱為「ζ 函數」（zeta function）。

$$1 + \frac{1}{2^2} + \frac{1}{3^2} + \frac{1}{4^2} + \frac{1}{5^2} + \frac{1}{6^2} + \frac{1}{7^2} + \cdots\cdots$$

$$= \frac{1}{\left(1 - \frac{1}{2^2}\right)} \times \frac{1}{\left(1 - \frac{1}{3^2}\right)} \times \frac{1}{\left(1 - \frac{1}{5^2}\right)} \times \frac{1}{\left(1 - \frac{1}{7^2}\right)} \times \frac{1}{\left(1 - \frac{1}{11^2}\right)} \times\cdots\cdots$$

ζ 函數

上面式中的次方部分（累乘的部分），可以代入 3 次方、4 次方、負 2 次方等各式各樣的數的算式稱為 ζ 函數（下式）。然後調查本式中的 s 若代入各種值來計算時，答案會是什麼樣的數。

「黎曼假設」就是與 ζ 函數之性質相關的假設。在下面式子中，透過等號將包括所有正整數的分數和（狄利克雷級數）及包括所有質數的分數乘積（歐拉乘積）連在一起（s 是實部大於 1 的複數）。將這些擴大為複數的 $\zeta(s)$ 即為 ζ 函數（ζ 讀音為 zeta）。

$$\zeta(s) = \frac{1}{1^s} + \frac{1}{2^s} + \frac{1}{3^s} + \frac{1}{4^s} + \cdots = \frac{1}{1 - \frac{1}{2^s}} \times \frac{1}{1 - \frac{1}{3^s}} \times \frac{1}{1 - \frac{1}{5^s}} \times \frac{1}{1 - \frac{1}{7^s}} \times \cdots$$

包括所有正整數的分數和　　　　　　　包括所有質數的分數乘積
（狄利克雷級數）　　　　　　　　　　（歐拉乘積）

日本的數學家終於解決該問題了嗎？ ABC猜想

「ABC猜想」是和黎曼猜想齊名的重要現代數學未解問題。正整數 A、B、C 具有「A＋B＝C」之關係時，推測其乘積（ABC）會滿足某些條件（如下）。

1985 年發表的 ABC 猜想若被證明為真，據說將會是數學的整數論領域的劃時代成果。若 ABC 猜想被證明的話，有可能會是解決黎曼猜想的破口。

日本京都大學數理分析研究所的望月新一教授於 2012 年發表宣稱「已證明 ABC 猜想」的論文時，掀起一陣「世紀難題可能已被解決」的熱議。但是，由於望月教授獨創了 1 個的全新數學理論基礎，所以其他專業人士的審核需要花上不少時間。

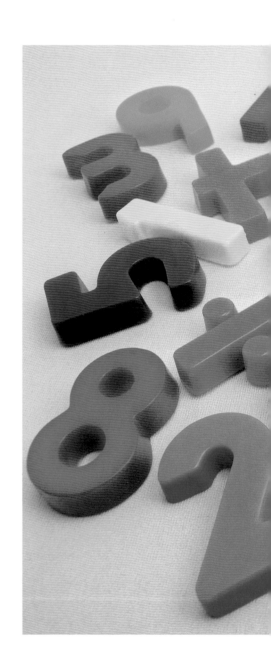

專欄 COLUMN　ABC猜想

假設 A、B、C 是三個互質（除了 1 之外沒有共同因數）的正整數，且 $A + B = C$。

A、B、C 的乘積 ABC 以質數的乘積表示（質因數分解）時，將得到的質數相乘得到 D。

【例】當 $A = 3$，$B = 125$（5^3），$C = 128$（$=2^7$）時，$ABC = 2^7 \times 3 \times 5^3$，得到的質數為 2、3、5。將這些質數各乘 1 次得到 $D = 2 \times 3 \times 5 = 30$（$C = 128 > D$）。

此時，ABC 猜想認為，滿足「不等式 $C > D^{1+\varepsilon}$」的 A、B、C 組合頂多只有有限的幾組（有限組）而已。而 ε（epsilon）為任意正值的數。

「ABC 猜想」概略來說，就是與正整數加法及乘法相關的問題。2012 年日本京都大學的望月新一教授發表以自創理論證明 ABC 猜想的論文，該論文以「宇宙際泰希米勒理論」（Inter-universal Teichmüller，簡稱 IUT 理論）為題，總頁數超過 500 頁。所謂 IUT 理論係將「泰希米勒空間論」以「宇宙際來思考的理論」之意。宇宙際的「宇宙」與平常所說的宇宙不同，是指數學中可處理的範疇，「際」是「跨越」之意。

計算所需時間
超過宇宙年齡的棘手難題

有些問題很容易理解，看起來很簡單，但是解題時會發現需要花大量的時間來計算。有時甚至因為條件關係，就算是用全世界最高速的電腦，也不可能在現實的時間內計算完畢。在這個世界上，像這樣「似乎有解實則無解的問題」其實有很多。

最典型的例子就是「巡迴業務員問題」。這個問題是指：某個業務員打算從自己的公司出發，拜訪若干家客戶，最後回到自己的公司，則應該如何決定最節省時間的路線？

在左下的例子中，有 3 家客戶，因此仍然可以運用直覺解決問題。但是，巡迴業務員問題會隨著問題的「規模」越來越大，所需的計算量會爆炸性增加。

首先，如下面例子所示，考慮 3 家客戶的情況。此時，考慮最先拜訪的候選客戶當然有 3 個。拜訪了第一家客戶之後，考慮拜訪第 2 家客戶之際，候選客戶減掉 1 個，剩下 2 個。接著，在考慮拜訪第 3 家客戶之際，就剩下 1 家。最後，從第 3 家客戶直接回到公司。

依照這樣的想法，則拜訪 3 家客戶的路線共有 3×2×1 = 6 種。不過，這其中也包括了相同路線但逆向行動的方法，因此在探求最節省時間的路線時，只須調查 6 種的一半，也就是 3 種就行了。

當客戶有 4 家時，可選擇的路線有 4×3×2×1 再除以 2，共 12 種。如果是如右邊插圖所示的 5 家客戶時，候選的路線有 5×4×3×2×1 再除以 2，共 60 種。

規模遠比「n 次方」更大的「階乘」

在巡迴業務員問題中，假設客戶數為 n，則候選的解答共有 {$n×(n-1)×(n-2)×……×2×1÷2$} 種。在數學上，把 {$n×(n-1)×(n-2)×……×2×1$} 的部分以「$n!$」的符號表示，稱為「n 的階乘」。

這個「階乘」是在計算上所造成的「爆炸量」遠比 2^n、3^n 等「指數函數」的大上許多。例如，當 n 為 10 時，10！為 362 萬 8800。就算不是業務員，例如想要收取社區會費而巡迴拜訪 10 個家庭，也是有夠複雜了。這個時候，若要選取最有

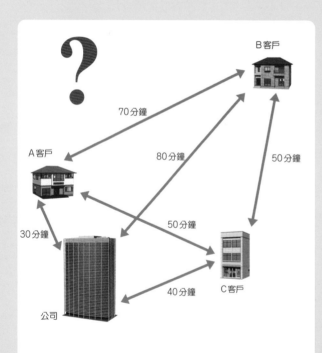

巡迴業務員問題

某位業務員以公司為出發點，想要拜訪公司的 3 家客戶。在公司與各客戶之間，以及在各客戶之間移動所需的時間，如圖所示。若要從公司出發，逐一拜訪全部客戶，最後回到公司，則經由什麼樣的路線可使所花時間為最少呢？

最適合的路線是哪一條？

讓我們以比左頁問題更為複雜一點的條件，來思考一下巡迴業務員問題吧！在這裡假設客戶數有 5 家。在公司與各客戶之間，以及在各客戶之間移動所需的時間，如圖所示。若要從公司出發，逐一拜訪全部客戶，最後回到公司，則經由什麼樣的路線可使所花時間為最少呢？

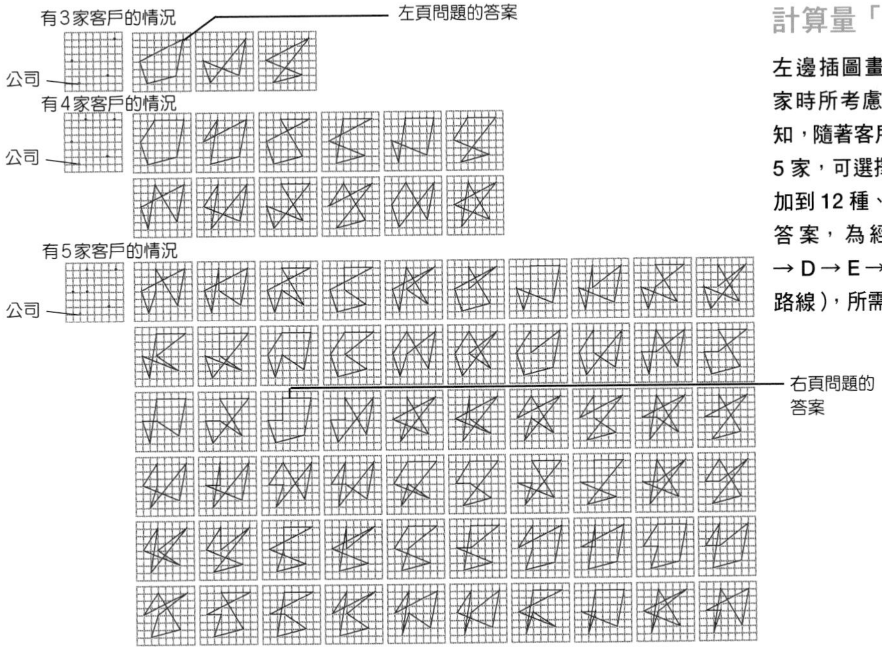

效率的路線，就必須從 362 萬 8800 種的一半，亦即 181 萬 4400 種的候選路線當中選出一種路線。當收取對象有 20 家時，20 的階乘是大約 243 京。1 京是 1 兆的 1 萬倍。

那麼，如果要巡迴日本的 47 個都道府縣的政府所在地，又將如何呢？47 的階乘是大約 10 的 59 次方，相當於 1000 兆的 1000 兆倍又 1000 兆倍的 100 兆倍，簡直大到幾乎無法想像。

各位是否已經了解了計算量「爆炸」的可怕程度了呢？

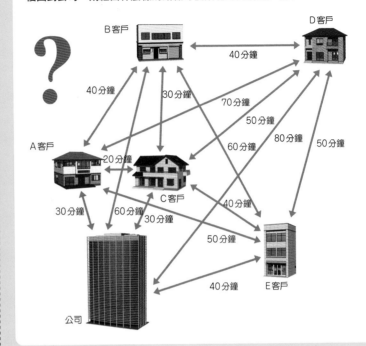

計算量「爆炸」

左邊插圖畫出了客戶數有 3、4、5 家時所考慮到的全部路線。由此可知，隨著客戶從 3 家逐漸增為 4 家、5 家，可選擇的路線則從 3 種急速增加到 12 種、60 種。又，上面問題的答案，為經由公司→ A → C → B → D → E →公司的路線（或其逆向路線），所需時間為 210 分鐘。

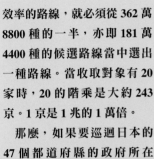

有3家客戶的情況 ──── 左頁問題的答案

公司

有4家客戶的情況

公司

有5家客戶的情況

公司

──── 右頁問題的答案

數學家們名垂歷史的偉大功績

古 代	中 世 紀			近代早期
泰利斯 希臘 （前 624～約前 546） 泰利斯定理	**婆羅摩笈多** 印度 （約 598～約 668） 婆羅摩笈多定理、婆羅摩笈多公式	**塔爾塔利亞** 義大利 （1499～1557） 發現一元三次方程式的公式解	**帕斯卡** 法國 （1623～1662） 帕斯卡原理、創立機率論	**拉格朗日** 義大利 （1736～1813） 創立分析力學（拉格朗日力學）、三體問題
畢達哥拉斯 希臘 （約前 570～約前 495） 畢氏定理、畢氏音程、正多面體	**花拉子米** 波斯 （約 780～約 850） 最早的代數學書	**卡當諾** 義大利 （1501～1576） 引進虛數的概念，發表一元三次方程式的公式解	**關 孝和** 日本 （約 1640～1708） 發明行列式、發現白努利數、出版《括要算法》	**傅立葉** 法國 （1768～1830） 傅立葉級數、傅立葉分析
歐幾里得 （Euclid） 希臘 （約前 300） 出版「幾何原本」，幾何學之父	**費波那契** 義大利 （約 1170～約 1250） 出版「計算之書」、費波那契數列	**納皮爾** 蘇格蘭 （1550～1617） 發現對數	**牛頓** 英國 （1642～1727） 發明二項式定理、發明微積分	**高斯** 德國 （1777～1855） 證明代數學基本定理、整數論、高斯平面
阿基米德 希臘 （約前 287～約前 212） 拋物線求積法、阿基米德浮體原理、圓周率的近似值、槓桿原理		**梅森** 法國 （1588～1648） 梅森質數名稱的由來、聲學之父	**萊布尼茲** 德國 （1646～1716） 發明微積分符號、發明2 進制	**柯西** 法國 （1789～1857） 柯西定理
阿耶波多 印度 （476～約 550） 代數學、微分方程式的解法、線性方程式的解法		**笛卡兒** 法國 （1596～1650） 笛卡兒座標系、圓的方程式、創立解析幾何學	**白努利** 瑞士 （1654～1705） 發現白努利數	**羅巴切夫斯基** 俄羅斯 （1792～1856） 非歐幾何學
		費馬 法國 （1601～1665） 費馬最後定理、數論之父	**歐拉** 瑞士 （1707～1783） 歐拉公式、歐拉恆等式、歐拉多面體公式	**阿貝爾** 挪威 （1802～1829） 橢圓函數、阿貝爾函數

畢達哥拉斯

歐幾里得

卡當諾

笛卡兒

費馬

凡例
●人名
●國籍
●生卒年
●主要成就

近代

亞諾什
匈牙利
（1802～1860）
提倡雙曲線幾何學（即
後來的羅巴切夫斯基幾
何學）

雅可比
德國
（1804～1851）
橢圓函數、發明雅可比
矩陣（Jacobian）

庫默爾
德國
（1810～1893）
引進理想數（ideal）

伽羅瓦
法國
（1811～1832）
伽羅瓦理論、發明群的
概念

魏爾施特拉斯
德國
（1815～1897）
橢圓函數論、複分析

黎曼
德國
（1826～1866）
黎曼積分、黎曼幾何學、
黎曼猜想

戴德金
德國
（1831～1916）
戴德金環、戴德金切割

康托
德國
（1845～1918）
確立集合論

龐加萊
法國
（1854～1912）
拓樸學（位相幾何學）、
龐加萊猜想

希爾伯特
德國
（1862～1943）
希爾伯特的 23 個問題

哈代
英國
（1877～1947）
分析數論、協助拉馬努
金、哈代 - 溫伯格定律

拉馬努金
印度
（1887～1920）
蘭道 - 拉馬努金常數、
拉馬努金 θ 函數

岡 潔
日本
（1901～1978）
多變數複變函數論

諾伊曼
匈牙利
（1903～1957）
賽局理論、建立電腦設
計原則

哥德爾
捷克
（1906～1978）
完備性定理、不完備性
定理

圖靈
英國
（1912～1954）
圖靈機、破解恩尼格瑪
密碼

許瓦茲
法國
（1915～2002）
（許瓦茲的）分布論

伊藤 清
日本
（1915～2008）
確立隨機微分方程（伊
藤引理）、對金融工程學
的貢獻

小平邦彥
日本
（1915～1997）
發明複變流形、小平
嵌入定理

塞爾伯格
挪威
（1917～2007）
初步證明質數定理、
塞爾伯格篩法

塞爾
法國
（1926～）
對韋伊猜想的貢獻、
對類體論的貢獻

谷山 豐
日本
（1927～1958）
谷山 - 志村猜想

格羅滕迪克
德國
（1928～2014）
大幅修正代數幾何學；
提出數論幾何一詞

奈許
美國
（1928～2015）
奈許均衡、微分幾何學、
偏微分方程式

志村五郎
日本
（1930～2019）
谷山 - 志村猜想

廣中平祐
日本
（1931～）
代數簇奇點解消

森 重文
日本
（1951～）
解決哈茨霍恩猜想、解
決三維極小模型猜想

懷爾斯
英國
（1953～）
證明費馬最後定理

裴瑞爾曼
俄羅斯
（1966～）
證明龐加萊猜想

米爾札哈尼
伊朗
（1977～2017）
黎曼曲面的模空間理論

帕斯卡

歐拉

高斯

康托

亂數表

由 0 到 9 的數字隨機配置的表，是使用物理亂數產生器所編製。為了方便觀看起見，以 2 個數字為 1 組，每一橫排有 20 組。

部分引用自《亂數產生及隨機化程序》（日本工業規格（JIS））附屬書 A 之由 250 列所構成的亂數表

93	90	60	02	17	25	89	42	27	41	64	45	08	02	70	42	49	41	55	98
34	19	39	65	54	32	14	02	06	84	43	65	97	97	65	05	40	55	65	06
27	88	28	07	16	05	18	96	81	69	53	34	79	84	83	44	07	12	00	38
95	16	61	89	77	47	14	14	40	87	12	40	15	18	54	89	72	88	59	67
50	45	95	10	48	25	29	74	63	48	44	06	18	67	19	90	52	44	05	85
11	72	79	70	41	08	85	77	03	32	46	28	83	22	48	61	93	19	98	60
19	31	85	29	48	89	59	53	99	46	72	29	49	06	58	65	69	06	87	9
14	58	90	27	73	67	17	08	43	78	71	32	21	97	02	25	27	22	81	74
28	04	62	77	82	73	00	73	83	17	27	79	37	13	76	29	90	70	36	47
37	43	04	36	86	72	63	43	21	06	10	35	13	61	01	98	23	67	45	21
74	47	22	71	36	15	67	41	77	67	40	00	67	24	00	08	98	27	98	56
48	85	81	89	45	27	98	41	77	78	24	26	98	03	14	25	73	84	48	28
55	81	09	70	17	78	18	54	62	06	50	64	90	30	15	78	60	63	54	56
22	18	73	19	32	54	05	18	36	45	87	23	42	43	91	63	50	95	69	09
78	29	64	22	97	95	94	54	84	28	34	34	88	98	14	21	38	45	37	87
97	51	38	62	95	83	45	12	72	28	70	23	67	04	28	55	20	20	96	57
42	91	81	16	52	44	71	99	68	55	16	32	83	27	03	44	93	81	69	58
07	84	27	76	18	24	95	78	67	33	45	68	38	56	64	51	10	79	15	46
60	31	55	42	68	53	27	82	67	68	73	09	98	45	72	02	87	79	32	84
47	10	36	20	10	48	09	72	35	94	12	94	78	29	14	80	77	27	05	67
73	63	78	70	96	12	40	36	80	49	23	29	26	69	01	13	39	71	33	17
70	65	19	86	11	30	16	23	21	55	04	72	30	01	22	53	24	13	40	63
86	37	79	75	97	29	19	00	30	01	22	89	11	84	55	08	40	91	26	61
28	00	93	29	59	54	71	77	75	24	10	65	69	15	66	90	47	90	48	80
40	74	69	14	01	78	36	13	06	30	79	04	03	28	87	59	85	93	25	73

常態分布表

本表係表示 z = 0.00 ～ 3.99，其右邊常態分布圖的粉紅色區域的機率。
例如：z = 1.96 時，只要看縱行「1.9」和橫列「0.6」相交之格的數字
（0.47500）即可。

Z	.00	.01	.02	.03	.04	.05	.06	.07	.08	.09
0.0	0	0.00399	0.00798	0.01197	0.01595	0.01994	0.02392	0.02790	0.03188	0.03586
0.1	0.03983	0.04380	0.04776	0.05172	0.05567	0.05962	0.06356	0.06749	0.07142	0.07535
0.2	0.07926	0.08317	0.08706	0.09095	0.09483	0.09871	0.10257	0.10642	0.11026	0.11409
0.3	0.11791	0.12172	0.12552	0.12930	0.13307	0.13683	0.14058	0.14431	0.14803	0.15173
0.4	0.15542	0.15910	0.16276	0.16640	0.17003	0.17364	0.17724	0.18082	0.18439	0.18793
0.5	0.19146	0.19497	0.19847	0.20194	0.20540	0.20884	0.21226	0.21566	0.21904	0.22240
0.6	0.22575	0.22907	0.23237	0.23565	0.23891	0.24215	0.24537	0.24857	0.25175	0.25490
0.7	0.25804	0.26115	0.26424	0.26730	0.27035	0.27337	0.27637	0.27935	0.28230	0.28524
0.8	0.28814	0.29103	0.29389	0.29673	0.29955	0.30234	0.30511	0.30785	0.31057	0.31327
0.9	0.31594	0.31859	0.32121	0.32381	0.32639	0.32894	0.33147	0.33398	0.33646	0.33891
1.0	0.34134	0.34375	0.34614	0.34849	0.35083	0.35314	0.35543	0.35769	0.35993	0.36214
1.1	0.36433	0.36650	0.36864	0.37076	0.37286	0.37493	0.37698	0.37900	0.38100	0.38298
1.2	0.38493	0.38686	0.38877	0.39065	0.39251	0.39435	0.39617	0.39796	0.39973	0.40147
1.3	0.40320	0.40490	0.40658	0.40824	0.40988	0.41149	0.41309	0.41466	0.41621	0.41774
1.4	0.41924	0.42073	0.42220	0.42364	0.42507	0.42647	0.42785	0.42922	0.43056	0.43189
1.5	0.43319	0.43448	0.43574	0.43699	0.43822	0.43943	0.44062	0.44179	0.44295	0.44408
1.6	0.44520	0.44630	0.44738	0.44845	0.44950	0.45053	0.45154	0.45254	0.45352	0.45449
1.7	0.45543	0.45637	0.45728	0.45818	0.45907	0.45994	0.46080	0.46164	0.46246	0.46327
1.8	0.46407	0.46485	0.46562	0.46638	0.46712	0.46784	0.46856	0.46926	0.46995	0.47062
1.9	0.47128	0.47193	0.47257	0.47320	0.47381	0.47441	0.47500	0.47558	0.47615	0.47670
2.0	0.47725	0.47778	0.47831	0.47882	0.47932	0.47982	0.48030	0.48077	0.48124	0.48169
2.1	0.48214	0.48257	0.48300	0.48341	0.48382	0.48422	0.48461	0.48500	0.48537	0.48574
2.2	0.48610	0.48645	0.48679	0.48713	0.48745	0.48778	0.48809	0.48840	0.48870	0.48899
2.3	0.48928	0.48956	0.48983	0.49010	0.49036	0.49061	0.49086	0.49111	0.49134	0.49158
2.4	0.49180	0.49202	0.49224	0.49245	0.49266	0.49286	0.49305	0.49324	0.49343	0.49361
2.5	0.49379	0.49396	0.49413	0.49430	0.49446	0.49461	0.49477	0.49492	0.49506	0.49520
2.6	0.49534	0.49547	0.49560	0.49573	0.49585	0.49598	0.49609	0.49621	0.49632	0.49643
2.7	0.49653	0.49664	0.49674	0.49683	0.49693	0.49702	0.49711	0.49720	0.49728	0.49736
2.8	0.49744	0.49752	0.49760	0.49767	0.49774	0.49781	0.49788	0.49795	0.49801	0.49807
2.9	0.49813	0.49819	0.49825	0.49831	0.49836	0.49841	0.49846	0.49851	0.49856	0.49861
3.0	0.49865	0.49869	0.49874	0.49878	0.49882	0.49886	0.49889	0.49893	0.49896	0.49900
3.1	0.49903	0.49906	0.49910	0.49913	0.49916	0.49918	0.49921	0.49924	0.49926	0.49929
3.2	0.49931	0.49934	0.49936	0.49938	0.49940	0.49942	0.49944	0.49946	0.49948	0.49950
3.3	0.49952	0.49953	0.49955	0.49957	0.49958	0.49960	0.49961	0.49962	0.49964	0.49965
3.4	0.49966	0.49968	0.49969	0.49970	0.49971	0.49972	0.49973	0.49974	0.49975	0.49976
3.5	0.49977	0.49978	0.49978	0.49979	0.49980	0.49981	0.49981	0.49982	0.49983	0.49983
3.6	0.49984	0.49985	0.49985	0.49986	0.49986	0.49987	0.49987	0.49988	0.49988	0.49989
3.7	0.49989	0.49990	0.49990	0.49990	0.49991	0.49991	0.49992	0.49992	0.49992	0.49992
3.8	0.49993	0.49993	0.49993	0.49994	0.49994	0.49994	0.49994	0.49995	0.49995	0.49995
3.9	0.49995	0.49995	0.49996	0.49996	0.49996	0.49996	0.49996	0.49996	0.49997	0.49997

🔍 基本用語解說（依筆畫排序）

三角比
直角三角形三邊的比，也稱三角函數，有正弦（sin）、餘弦（cos）、正切（tan）等。

小數
以小數點來表示，包含比 1 小之位數的實數。

不等號
是表示二數或是二式之大小關係的符號，有「＞」、「＜」、「≧」、「≦」等。

內角
由多邊形之邊所形成的內側角，稱為「內角」。

公因數
若一個數同時是幾個數的因數，稱該數為它們的「公因數」；公因數中最大的一個稱為最大公因數。

公倍數
若一個數同時是幾個數的倍數，稱該數為它們的「公倍數」；公倍數中的最小正數稱為最小公倍數。

分數
分數係將整數 b 除以非 0 的整數 a 的結果，以 $\frac{b}{a}$ 的形式來表示。橫線（分線）下方的 a 稱為「分母」，上方的 b 稱為「分子」。

切線
與曲線（或曲面）僅有 1 點相切的直線。

反比
數學上稱兩個量其中一個量增加 2 倍、3 倍，另一個量則縮小到原來的 $\frac{1}{2}$、$\frac{1}{3}$，這兩個量的變化關係稱為「反比」。

方程式
包含尚未得知的數（未知數），只有在未知數代入特定數值時，兩邊才會相等的等式。

比
比（ratio）是同類型的兩個數 a、b，表示 a 為 b 的多少倍的關係。通常表示為 $a:b$。

比例
事物在整體中所占的分量，亦即比率。

以分數、小數、百分率等表示。

內錯角
同一平面上，一直條線與二條直線相交所形成的角中，兩個角分別在截線的兩側，且在兩條被截直線之間，具有這樣位置關係的一對角叫做內錯角。

代入
將算式中的某文字置換成其他的文字、數值、算式。

代數
一種利用符號來代替未知數，將數的性質和關係延廣成更一般的概念。

半徑
從圓心或球心到圓周或是球面上的距離。

外角
多邊形之一邊與鄰邊的延線所夾的角。

平方
二個相同的數相乘，平方也稱為自乘。

平方根
數學上指一數自乘，剛好等於某數，則此數即為某數的平方根，例如 9 的平方根為 3 和 −3。

平行
位在同一平面上的二條直線、直線與平面或者是二個平面，無限延長，永遠不相交。

平均值
數據的合計值除以數據個數所得到的值，是統計中的重要概念之一。

正比
有兩個變量，當一方增為 2 倍、3 倍時，另一方也增為 2 倍、3 倍，則此二變量的關係稱為「正比」。

正多邊形
各邊長度皆相等，內角大小也都相等的多邊形。

正數
比 0 大的實數。比 0 小的實數稱為負數。

立方
某數自乘 3 次的乘積，稱為該數的立方。例如：$2 \times 2 \times 2 = 8$。

立體
被數個平面或曲面所包圍，具有空間廣度的圖形。

正立方體
數學上指由六個面積相等的平面圍成的正立方形物體，也稱為正方體、正六面體。

全等
二個圖形的形狀和大小都完全一樣。

合數
能以 2 個以上之質數的積來表示的自然數。在數論中，合數（也稱為合成數）是除了 1 和其本身外具有其他正因數的正整數。

同位角
同一平面上，兩直線被另一直線所截，其中位置相同的角，彼此是同位角。

向量
具有大小和方向的量。如物理上的力、速度、加速度、動量等。

因式分解
將多項式以數個部分（因式）之積的形式重新表示。例如：$x^2 + 6x + 8$ 可因式分解成 $(x + 2)(x + 4)$。

多面體
由四個以上之多邊形所圍成的立體。

多邊形
由三條以上的線段所圍成的平面圖形，三角形、四邊形等皆稱為多邊形。

自然數
為了避免歧義，係指非零自然數，即正整數。從 1 開始，依序加 1（例：$1 + 1 = 2$、$2 + 1 = 3$、$3 + 1 = 4$……）所得到的數。

夾角
夾角意指多邊形中，相鄰二邊所夾的角。

角
由 1 點開始的二條半直線所形成的圖形，其張開程度以度（°）來表示。

角柱
一種多面體，其上下底面是對應邊互相平行的全等多邊形，側面則是平行四邊形。

角錐
以多邊形為底面，其邊上各點與此平面外的一定點相連結而成的立體。

函數
具有「當有二個變數時，其中一個變數值確定後，另一個變數的值也跟著確定」的對應關係。

直角
2 直線相交的角度為 90 度。180 度的角度稱為 2 直角。

直徑
連接圓周上的二點並通過圓心，或連接球面上的二點並通過球心的線段長。

長方體
所有的面皆由長方形（亦包括正方形）所構成的六面體。

相似
二個圖形形狀相同，具有放大或是縮小的關係。

面積
以線包圍而成的平面或是曲面的廣度大小，以平方公尺或公畝等來表示。

座標
將平面上某地點的位置與原點之橫和縱的距離來表示者稱之。將從原點往橫向延伸的軸稱為 x 軸，往縱向延伸的軸稱為 y 軸，以 (x, y) 這種 x 值與 y 值成對的形式來表示。

常數
不會因時間和條件而改變，固定不變的數。

斜率
高度與水平距離的比值。

斜邊
直角三角形的三邊中，最長的傾斜邊。

球
數學上定義為三維空間中離給定的點（球心）距離相同的點的集合。

統計
蒐集同一範圍內之組成要素的資料，加以整理、計算，運用數字表示眾多事實的特性，並觀察其全體相關和演變情形，所作的比較、研究。

單位
諸如長度、質量、時間等以數值來表示某量之際，所制定作為計算物體數量的標準。

幾何學
研究圖形和空間性質的一個數學領域。

無限
或說無窮，表示沒有極限，符號是「∞」。

等式
相等的兩個代數式，以等號相連結的，稱為「等式」。

鈍角
比 90 度大，比 180 度小的角。

項
將構成數列、比、多項式之以加、減法演算連結的各要素。例如：$x + 2 - 3y$ 的項為 x、2、$-3y$。

圓
在同一平面內到定點（圓心）的距離等於定長的點的集合。

圓周率
指圓周的長與直徑的比，符號為「π」，其值約 3.14。不過，圓周率是無理數，此意味著它是無限不循環小數。

圓柱體
一直線常與定直線平行，繞定直線而旋轉，又以平行的二平面橫截之，則二平面及旋成的圓面所界成的立體為「圓柱體」。

圓錐體
平面上一定圓之圓周上的點（以圓為底面），與此平面外的一定點相連結的所有直線，所圍成的立體稱為「圓錐體」。

運算
依照數學法則，求出算題或算式的結果，「＋」、「－」、「×」、「÷」等稱為運算符號。

對角線
多邊形內，聯接不相鄰之兩個頂點的線段，以及多面體內，聯接不在同平面上之兩個頂點的線段，均稱為對角線。

維度
表示空間之擴展情形者。線是 1 維度，平面是 2 維度，空間是 3 維度。數學也思考 4 維以上的問題。

數列
數列是一列兩個以上按順序置換的數，所組成的序列。

線
由點之移動軌跡所形成，具有長度但無厚度與寬度的圖形。

質數
指只能被 1 和此整數本身整除的自然數。

銳角
大於 0 度，小於 90 度的角。

整數
0 與逐一加 1 所得的正整數，以及逐一減 1 所得之負整數的總稱。

機率
關於某偶然發生的事，從確實不會發生的 0 到確實會發生的 1，以數值表現事物發生的比率。

變數
依時間、條件而改變，未指定或固定的數。通常多以「x」、「y」、「z」等來表示變數。

Index

▼ 索引

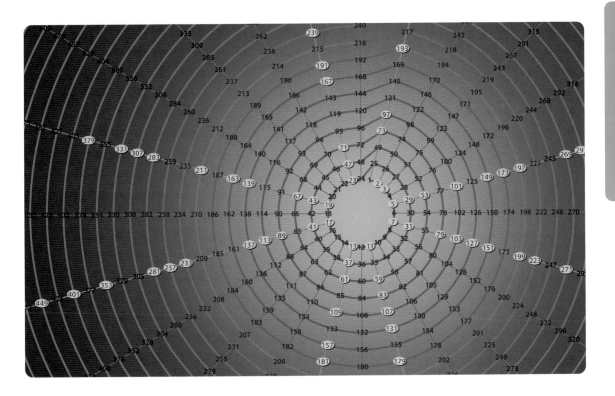

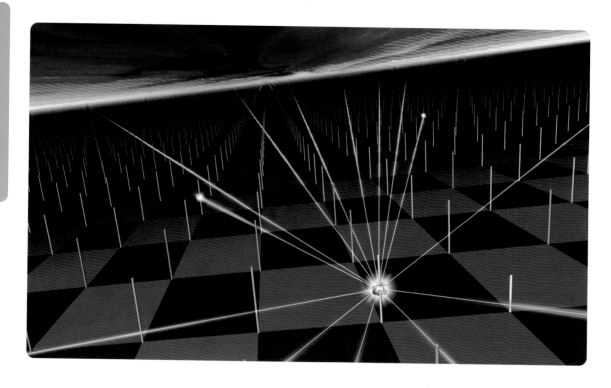

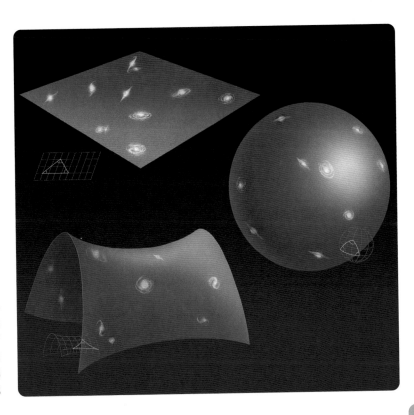

結　語

有人也許會思考「數學在生活中究竟有何益處？」
也或許有人會認為微積分和三角函數簡直難如上青天。
這些人一離開學校，有部分人會因為討厭數學而一輩子都不想再碰它了！

然而，我們的生活周遭到處都是數學。
甚至說自然界是受數學所支配也不為過。
而數學也是支撐現代社會科技所不可或缺的工具。
閱讀過本書的各位，應該可以再度確認數學的重要性和數學所帶來的好處。

價格、體重、距離等，我們生活的每一天都會接觸到各式各樣的數。

像是：「國家總預算超過 2 兆新台幣」、「地球到太陽的距離 1 億 5000 萬公里」等，

有些甚至大到難以想像的數字。

不過，別擔心，在這樣的時候，只要牢牢掌握住數的概念就沒有問題了。

本書提供了許許多多靈活掌握數和數學的訣竅和啟示，

讀完本書的您，現在數學能力應該加強了不少吧！

Staff

Editorial Management	木村直之
Editorial Staff	中村真哉
Design Format	三河真一（株式会社ロッケン）
DTP Operation	阿万 愛

Photograph

014	henvryfo/stock.adobe.com
045	NASA
048	AliFuat/stock.adobe.com
070	sakura/stock.adobe.com
177	靖洋宮本/stock.adobe.com
192-193	toshy091/stock.adobe.com

Illustration

Cover desigh	三河真一（株式会社ロッケン）
002-003	Newton Press，吉原成行
006～009	Newton Press
010	小﨑哲太郎
010～027	Newton Press
028-029	吉原成行
030～035	Newton Press
035	月本佳代美
036～039	Newton Press
039	小﨑哲太郎
040-041	Newton Press
041	小﨑哲太郎
042～047	Newton Press
050～067	Newton Press
067	小﨑哲太郎
068-069	Newton Press
071～075	Newton Press
076-077	髙島達明
078-079	Newton Press
079	小﨑哲太郎
080	吉原成行
082-083	Newton Press
084-085	Newton Press・吉原成行
086-087	吉原成行
088～130	Newton Press
131	Newton Press［（地図作成）DED Earth, 地図データ©Google Sat］
132-133	Newton Press
134-135	Newton Press［ペーパークラフト：横浜国立大学 根上研究室，背景図形：Tetracube CC BY 3.0（https://en.wikipedia.org/wiki/120-cell#/media/File:120-cell_perspective-cell-first-02.png）を改変］
136～143	Newton Press
143	小﨑哲太郎
144-145	Newton Press
145	小﨑哲太郎
146～151	Newton Press
152-153	比護 寛
154～177	Newton Press
178～181	Newton Press
182	小﨑哲太郎
182-183	Newton Press
183	Newton Press（作画資料：Diophantus "Arithmetica" 1621 edition）
185～189	Newton Press
190	小﨑哲太郎
194～195	Newton Press

Galileo科學大圖鑑系列 01

VISUAL BOOK OF THE MATHEMATICS

數學大圖鑑

作者／日本 Newton Press

執行副總編輯／賴貞秀

編輯顧問／吳家恆

翻譯／賴貞秀

發行人／周元白

出版者／人人出版股份有限公司

地址／231028新北市新店區寶橋路235巷6弄6號7樓

電話／(02)2918-3366（代表號）

傳真／(02)2914-0000

網址／www.jjp.com.tw

郵政劃撥帳號／16402311人人出版股份有限公司

製版印刷／長城製版印刷股份有限公司

電話／(02)2918-3366（代表號）

經銷商／聯合發行股份有限公司

電話／(02)2917-8022

香港經銷商／一代匯集

電話／(852)2783-8102

第一版第一刷／2021年4月

第一版第三刷／2022年8月

定價／新台幣630元

港幣210元

國家圖書館出版品預行編目資料

數學大圖鑑／日本 Newton Press 作；賴貞秀翻譯.
　-- 第一版 . -- 新北市：人人出版股份有限公司，
2021.04
　　面；　公分 . --（伽利略科學大圖鑑；1）
　　ISBN 978-986-461-235-2（平裝）. --

　1. 數學

310　　　　　　　　　　　　　　109021730